Druckluftwerkzeuge für die Fertigung

Von

Karl Friedrich Ehrhardt VDI
Köln

Mit 129 Abbildungen

ISBN-13: 978-3-540-03763-7   e-ISBN-13: 978-3-642-92939-7
DOI: 10.1007/978-3-642-92939-7

Vorwort

Druckluft wird auf einfache Weise durch Luftverdichtung aus der Atmosphäre gewonnen. Dennoch ist sie wohl mit die teuerste Energieart, die heute in der Technik verwendet wird. Wenn die Druckluft aus dem betrieblichen Alltag nicht mehr wegzudenken ist, dann deutet das bereits darauf hin, daß sie für bestimmte Einsatzgebiete überlegen oder sogar unentbehrlich ist.

Die Anwendung der Druckluft kann bis zur Zeitwende zurückverfolgt werden. Um so erstaunlicher ist die Tatsache, daß die Entwicklung der Druckluftwerkzeuge in Deutschland erst um die Jahrhundertwende ihren Aufschwung nahm. Bei den zu diesem Zeitpunkt entwickelten Werkzeugen handelte es sich in der Mehrzahl um Konstruktionen aus der Gruppe der schlagenden Werkzeuge. Umlaufende Werkzeuge wurden bis in die dreißiger Jahre lediglich als Handbohrer gebaut.

Nach dem zweiten Weltkrieg wurden innerhalb Deutschlands in ständig steigender Zahl Druckluftwerkzeuge in Fertigungsbetrieben eingesetzt. Der Anstoß hierzu wurde von den Werkzeugherstellern in den USA und in England gegeben. Beide Länder hatten bereits einige Jahre früher erkannt, daß Fertigungskosten durch den Einsatz von Druckluftwerkzeugen erheblich gesenkt werden können. Aus dieser Zeit stammt der in den USA für Druckluftwerkzeuge geprägte Sammelbegriff „pneumatischer Muskel".

Das vorliegende Buch soll den Leser mit den Antrieben der Werkzeuge, mit den Werkzeugen selbst und den Einsatzmöglichkeiten vertraut machen. Erfahrungen des Verfassers in allen Zweigen des Automobilbaues, insbesondere im Zusammenbau, werden ergänzt durch Hinweise aus anderen Einsatzgebieten. Aufzeichnungen über Installation von Rohrnetzen und der Werkzeuge, Empfehlungen für die Überwachung der im Einsatz befindlichen Werkzeuge, Hinweise für die Werkzeuginstandsetzung, Richtlinien für die Auswahl geeigneter Werkzeuge, Vergleiche zwischen Druckluft- und Schnellfrequenzwerkzeugen im Hinblick auf Betriebsverhalten und Wirtschaftlichkeit und Beispiele für die Automatisierung mit Druckluftwerkzeugen sollen dem Leser Kenntnisse vermitteln, die es ihm ermöglichen, das für seinen Betrieb geeignete Werkzeug auszuwählen und zweckentsprechend mit größtmöglichem wirtschaftlichen Nutzen in der Fertigung einzusetzen.

Köln-Riehl, im Januar 1967 Ing. (grad.) **Karl Friedrich Ehrhardt**

Inhaltsverzeichnis

1 Einleitung

Das Streben nach wirtschaftlicher Fertigung stellt Planungs- und Fertigungsingenieure häufig vor die Aufgabe, die Ausbringung einer Betriebsabteilung mit geringstmöglichem Kostenaufwand ohne zusätzlichen Arbeitskräfte- und Platzbedarf zu erhöhen. Zur Lösung dieser Aufgabe bedarf es guter Betriebsmittelkenntnisse. Oftmals kann bereits durch den Einsatz eines angetriebenen Handwerkzeuges, z.B. eines Druckluftwerkzeuges, eine wesentliche Produktionssteigerung erreicht werden.

Das vorliegende Buch beschreibt die für eine neuzeitliche Fertigung geeigneten Druckluftwerkzeuge in Konstruktion und Einsatz.

Eine Abhandlung über Druckluftwerkzeuge kann nicht ohne einen gewissen Seitenblick auf die Elektrowerkzeuge geschrieben werden. Beide Werkzeugarten liegen seit Jahren in starkem Wettbewerb miteinander.

In den ersten Jahren nach dem II. Weltkrieg wurden in den Fertigungsbetrieben innerhalb Deutschlands in steigendem Maße Elektrowerkzeuge eingesetzt. Diese Werkzeuge wurden meist von Elektromotoren höherer Frequenz angetrieben (150 bis 200 Hz) und erhielten demzufolge die Sammelbezeichnung Schnellfrequenzwerkzeuge. Die Verbreitung der Schnellfrequenzwerkzeuge hat jedoch in den letzten Jahren stark zugunsten der Druckluftwerkzeuge nachgelassen. Im Automobil-, Apparate- und Flugzeugbau sowie in der Radio-, Elektro- und in der holzverarbeitenden Industrie werden in ständig steigendem Maße Druckluftwerkzeuge eingesetzt. Voraussetzung für den Einsatz von Druckluftwerkzeugen ist die Bereitstellung von Druckluft. Da Luft überall und unbeschränkt verfügbar ist, gilt es, die Druckluft in geeigneten Anlagen zu erzeugen und zu speichern. Im Rahmen dieses Buches wurde darauf verzichtet, die Erzeugung der Druckluft und die dazu benötigten Verdichter in Aufbau und Funktion zu beschreiben. Der Hinweis auf einschlägiges Schrifttum möge daher genügen [1].

Heute wird eine Vielzahl von Druckluftwerkzeugen angeboten, die für den Einsatz in Fertigungsbetrieben geeignet sind. Mit diesen Werkzeugen kann ggf. unter Verwendung einfacher Vorrichtungen der Fertigungsablauf wirtschaftlicher gestaltet werden.

Die Anschaffung von Druckluftwerkzeugen lohnt sich nicht nur für
Betriebe mit ausgesprochener Großserienfertigung. Gerade in Klein-
und Mittelbetrieben mit geringen Losgrößen setzen sich Druckluftwerkzeuge immer mehr durch. Die Druckluftwerkzeughersteller haben
durch die Entwicklung der Werkzeuge nach dem Baukastensystem die
Möglichkeit geschaffen, für verschiedene Bearbeitungsverfahren ein-
und dasselbe Werkzeug benutzen zu können, wobei unter Umständen
lediglich ein Kopfstück od. dgl. auszuwechseln ist. Dieses Baukasten-

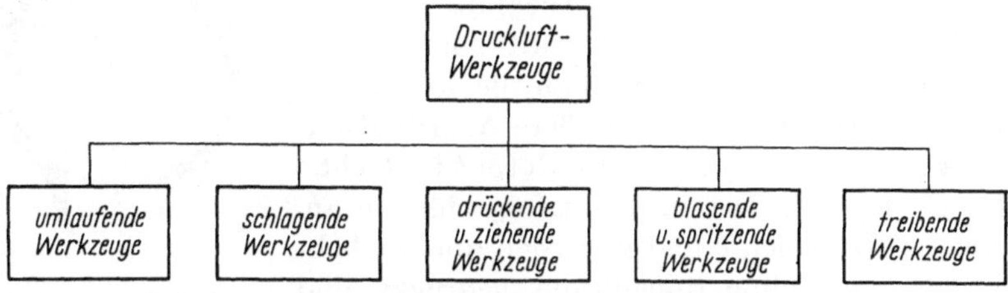

Bild 1.01. Einteilung der Druckluftwerkzeuge.

system bringt nicht nur dem Anwender Vorteile, sondern auch dem
Werkzeughersteller, da dieser größere Werkzeugserien auflegen und
somit billiger fertigen kann.

Bei den in den Fertigungsbetrieben eingesetzten Druckluftwerkzeugen handelt es sich um fünf verschiedene Gruppen, die sich nach der
Art ihrer Antriebe unterscheiden. Diese Gruppen sind auf Bild 1.01
gezeigt.

Die umlaufenden Werkzeuge überwiegen meist zahlenmäßig. Dies
beruht auf der Tatsache, daß die Art des Antriebes mannigfache Ent-
wicklungs- bzw. Anwendungsmöglichkeiten bietet.

2 Umlaufende Werkzeuge

2.1 Antrieb

Als Antrieb umlaufender Druckluftwerkzeuge finden vier verschiedene Motorenarten Verwendung, und zwar

Lamellenmotoren,   Zahnradmotoren,
Kolbenmotoren,   Turbinenmotoren.

2.11 Druckluftlamellenmotor

Der Druckluftlamellenmotor (Bild 2.01) besteht aus einem feststehenden Zylinder a, in dem ein Rotor b exzentrisch gelagert ist. Der Rotor besitzt gleichmäßig am Umfang verteilt mehrere parallel zur Drehachse angeordnete Schlitze, in denen die sog. Lamellen c und d mit Spiel eingepaßt sind. Die Lamellen sind aus verschleißfestem Kunststoff gefertigt. Der feststehende Zylinder a ist am Umfang mit Lufteinlaßschlitzen e versehen. Die Druckluft tritt bei e in den Zylinder a ein und trifft dort auf die Lamellen c und d. Da die Lamelle c der einströmenden Druckluft eine größere Angriffsfläche bietet als die Lamelle d, wird der Rotor b in Rechtsdrehung versetzt. Die in den Längsschlitzen angeordneten Lamellen c und d werden durch Fliehkraft an die Zylinderinnenwand gedrückt und dichten dort ab. Um eine möglichst gute und von der Fliehkraft unabhängige Abdichtung zu erhalten, werden die Lamellen auch an der Rückseite g von Druckluft beaufschlagt. Es finden auch Druckluftlamellenmotoren Verwendung, bei denen die Lamellen nicht rückseitig von Druckluft beaufschlagt werden, sondern bei denen statt dessen kleine Druckfedern bzw. Blattfedern die Lamellen gegen die Zylinderwand drücken und so die Abdichtung unterstützen.

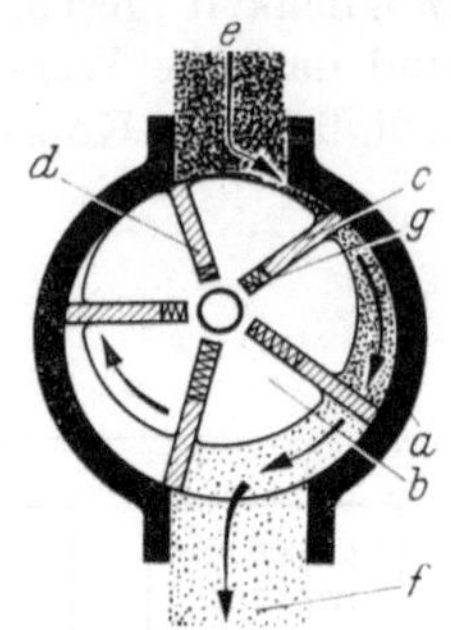

Bild 2.01. Druckluftlamellenmotor, Funktionsskizze.
a Zylinder; b Rotor; c u. d Lamellen; e Lufteinlaßschlitze; f Auslaßschlitze; g Lamellenrückseite.

Wenn sich der Rotor b so weit gedreht hat, daß sich die Lamellen c und d außerhalb der Lufteinlaßschlitze e befinden, wirkt die expan-

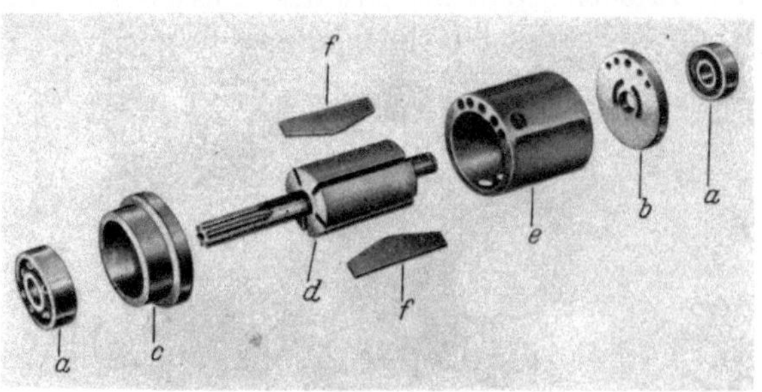

Bild 2.02. Druckluft-Lamellenmotor, Einzelteile. a Rotorlager; b Steuerplatte; c Lagerhalter; d Rotor; e Stator; f Lamelle.

dierende Luft auf die Lamelle c und gibt so Energie an den Rotor ab. Die entspannte Druckluft tritt an den Auslaßschlitzen f aus. Die Drehbewegung des Rotors wird über eine Welle und ein Zwischengetriebe auf die Abtriebsspindel des Werkzeuges übertragen.

Druckluftlamellenmotoren sind hochtourig. Je nach Größe liegt die Rotordrehzahl zwischen 3000 und 25000 U/min. Bild 2.02 zeigt die Einzelteile eines Lamellenmotors.

2.12 Druckluftkolbenmotor

Druckluftkolbenmotoren sind niedrigtourig. Ihre Drehzahl beträgt maximal 3000 U/min. Bild 2.03 zeigt einen Querschnitt durch einen Radialkolbenmotor. Die Druckluft strömt durch die Einlaßöffnung a in den Zylinder b ein und beaufschlagt den Kolben c. Die expandierende Druckluft drückt den Kolben c abwärts. Die geradlinige Kolbenbewegung wird über eine Kolbenstange d auf eine Kurbelwelle e übertragen. Der in Abwärtsbewegung befindliche Kolben c versetzt die Kurbelwelle e in Drehbewegung. Bei den meisten Konstruktionen ist die Kurbelwelle als Werkzeugspindel ausgebildet. Die entspannte Luft strömt durch einen Auslaßschlitz, der vom abwärtsfahrenden Kolben c freigegeben wird, aus. Der Kolben c wird anschließend von der Schwungkraft der Kurbelwelle e in seinen oberen Totpunkt gedrückt. Durch eine Schiebersteuerung wird eine Einlaßöffnung freigegeben und Druckluft strömt in den Zylinder b ein, beaufschlagt den Kolben c und das Arbeitsspiel beginnt von neuem.

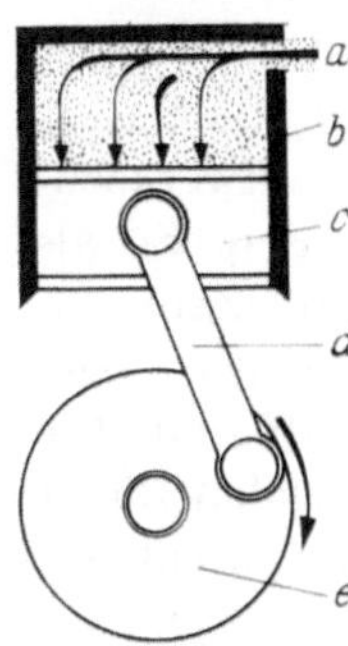

Bild 2.03
Druckluft-Kolbenmotor, Funktionsskizze.

a Einlaßöffnung; b Zylinder; c Kolben; d Kolbenstange; e Kurbelwelle.

Radialkolbenmotoren werden meist als Mehrzylindermotoren gebaut. Bild 2.04 zeigt das Steuerdiagramm eines 5-Zylinder-Motors.

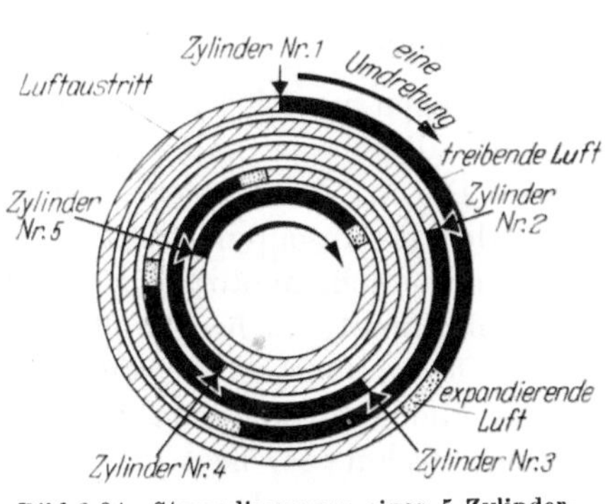

Bild 2.04. Steuerdiagramm eines 5-Zylinder-Kolbenmotors.

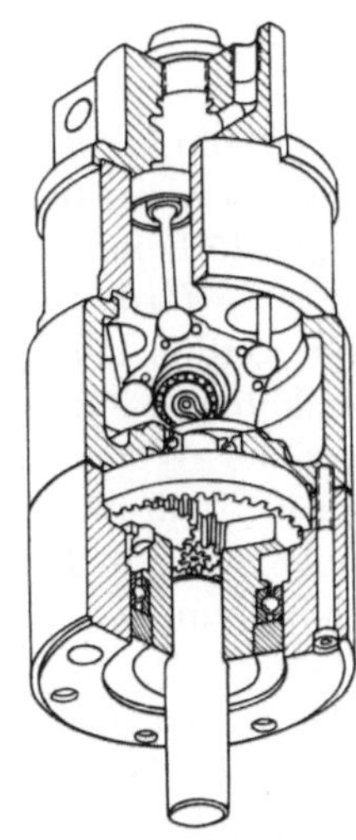

Bild 2.05. Axialkolbenmotor.

In einige Werkzeuge werden auch Axialkolbenmotoren (Bild 2.05) eingebaut. Diese Motoren werden ebenfalls in Mehrzylinderbauweise hergestellt. Die Kraftübertragung erfolgt von den Kolben über Kolbenstangen auf eine Taumelscheibe, die eine Kurbelwelle antreibt. Je nach Konstruktion kann die Kurbelwelle als Werkzeugspindel ausgebildet sein.

Beide Motoren, der Radialkolbenmotor und der Axialkolbenmotor können mit hoher Leistung anlaufen. Ein Umsteuern der Drehrichtung ist ebenfalls möglich.

2.13 Druckluftzahnradmotor

Zahnradmotoren werden heute zum Antrieb von Druckluftwerkzeugen nur noch selten verwendet. Dagegen werden sie im Bergbau als Antriebsmotoren mit großen Leistungen häufig eingesetzt. Zahnradmotoren bestehen aus einem Zahnradpaar, das in einem Gehäuse so gelagert ist, daß die beiden Zahnräder miteinander im Eingriff sind. Die Druckluft trifft auf das Zahnradpaar auf und versetzt die beiden Räder in Drehung. Eines der Räder überträgt die Drehbewegung direkt auf die Werkzeugantriebswelle.

2.14 Druckluftturbinenmotor

Turbinenmotoren werden hauptsächlich zum Antrieb kleiner hochtouriger Werkzeuge verwendet. Die Druckluft gibt ihre kinetische Energie an den Rotor ab. Die Leistung wird durch Ausnutzen der Luftgeschwindigkeit erreicht. Die Drehzahl der Antriebswelle kann bis zu 90000 U/min betragen.

2.2 Werkzeuge für Bohrarbeiten

2.21 Handbohrer

Handbohrer werden für Bohrleistungen von 1 bis 100 mm Lochdurchmesser gebaut. Die Drehzahlen liegen je nach Konstruktion zwischen 25 U/min und 15000 U/min. Die Art des Antriebes richtet sich nach der geforderten Leistung und der gewünschten Drehzahl. Handbohrer werden demzufolge sowohl mit Lamellenmotoren, als auch mit Radialkolben-, Axialkolben- und Zahnradmotoren hergestellt. Bei den seitens der Werkzeughersteller gemachten Bohrleistungsangaben muß zwischen Bohrungen in Aluminium und Bohrungen in Stahl unterschieden werden. Der maximale Bohrdurchmesser liegt bei Bohrungen in Aluminium etwa 20 bis 35% über dem maximalen Bohrdurchmesser in Stahl.

Da die meisten der in den nachfolgenden Abschnitten beschriebenen umlaufenden Werkzeuge aus den Handbohrern entwickelt wurden, ist nachstehend der Aufbau eines Handbohrers näher beschrieben:

Bild 2.06 zeigt einen Querschnitt durch einen Handbohrer mit Druckluftlamellenmotor. Druckknopf *a* dient zum Öffnen bzw. Schließen der Drucklufteinlaßöffnung *b*. Bei Betätigen des Druckknopfes *a* wird über ein Hebelgestänge *c* das Einlaßventil *d* geöffnet, so daß Druckluft in das Werkzeug einströmen kann. Die Druckluft wird in dem eingebauten Filter nochmals gereinigt (siehe Abschn. 8.1).

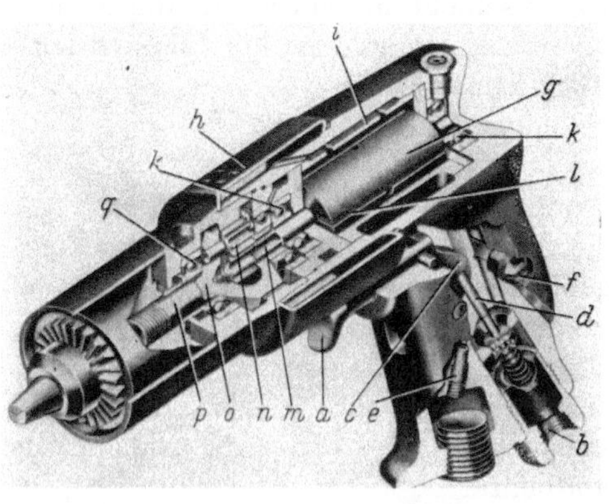

Bild 2.06. Handbohrer, Querschnitt.
a Druckknopf; *b* Druckluft-Einlaßöffnung; *c* Hebelgestänge; *d* Einlaßventil; *e* Öler: *f* Feineinstellschraube; *g* Rotor; *h* Auslaßschlitze; *i* Zylinder; *k* Kugellager; *l* Lamellen; *m* Ritzel; *n* Trabantenräder; *o* Steg; *p* Werkzeugspindel; *q* Kugellager.

Der eingebaute Öler *e* sorgt für das Anreichern der Druckluft mit Öl. Der Öler hat nur ein geringes Fassungsvermögen. Bei ständig an ein und demselben Arbeitsplatz eingesetzten Druckluftwerkzeugen ist die Installation eines Leitungsölers unbedingt zu empfehlen (vgl. Abschn. 8.3). Die Luftzufuhr und damit die Drehzahl der Werkzeugspindel können durch Feineinstellung an der Schraube *f* reguliert werden. Die Druckluft treibt den Rotor *g* an und verläßt als entspannte sog. Abluft den Lamellenmotor durch die Auslaßschlitze *h*. Bei vielen der heute angebotenen Handbohrern wird die Abluft in Richtung auf den Spiralbohrer gelenkt, um diesen zu kühlen und um die beim Bohren anfallenden Späne aus den Bohrungen zu entfernen. Oftmals ist die Bohrerkühlung mittels Abluft ausreichend, so daß keine flüssigen Kühlmittel erforderlich sind und demzufolge Werkstückkorrosion, wie sie häufig durch Kühlmittel verursacht wird, ausgeschaltet ist. Der Rotor *g* ist exzentrisch in dem Zylinder *i* angeordnet und in Kugellagern *k* gelagert. Zur Abdichtung zwischen Zylinder *i* und Rotor *g* dienen die Lamellen *l*. Der eine Zapfen des Rotors *g* ist als Ritzel *m* ausgebildet. Das Ritzel *m* treibt die Trabantenräder *n* eines Umlaufgetriebes an. Im Umlaufgetriebe findet eine Untersetzung der Rotordrehzahl statt. Die Trabantenräder *n* sind in dem Steg *o* gelagert. Die Drehbewegung des Ritzels *m* wird über die Trabantenräder *n* auf den Steg *o* übertragen. Der Steg *o* besitzt einen zylindrischen Schaft, die sog. Werkzeugspindel *p*, die in den Kugellagern *q* gelagert ist. An der Werkzeugspindel ist ein zur Aufnahme von Spiralbohrern mit zylindrischem Schaft geeignetes Bohrfutter befestigt. Es können aber auch Spannzangen zur Aufnahme der Spiralbohrer verwendet werden. Bei größeren Handbohrern ist die Werkzeugspindel als Innenkonus zur Aufnahme von Bohrern mit konischem Schaft oder zur Befestigung von Stellhülsen ausgebildet. Die Drehzahl der Handbohrer kann so eingestellt werden, daß die wirtschaftlichste Schnittgeschwindigkeit erreicht wird. Die Einstellung geschieht bei einem ständig an ein und demselben Arbeitsplatz eingesetzten Werkzeug über ein Druckminderventil (vgl. Abschn. 8.2). Die Feineinstellung wird, wie bereits oben angeführt, an der Einstellschraube *f* vorgenommen.

Handbohrer werden je nach Verwendungszweck mit verschieden ausgebildeten Handgriffen ausgerüstet. Der am meisten verwendete Griff ist der sog. Pistolengriff (Bild 2.07). Kleinere Handbohrer werden ohne Griff als sog. gerade Werkzeuge gebaut (Bild 2.08). Schwere Handbohrer werden vielfach mit einem Spatengriff ausgerüstet oder sie erhalten zwei Griffstücke, von denen eines als Drehgriff zum

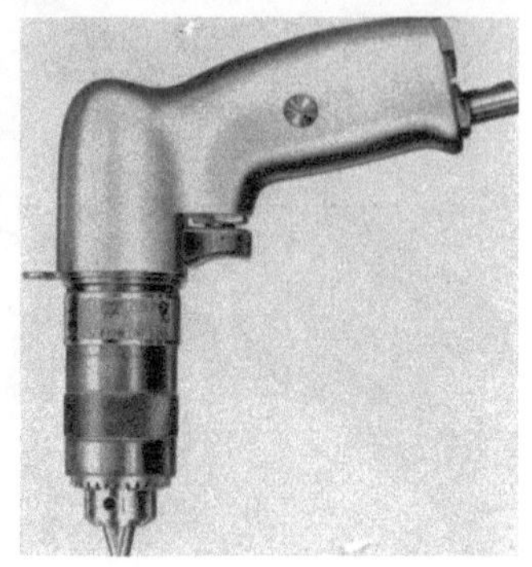

Bild 2.07
Handbohrer mit Pistolengriff.

Öffnen und Schließen der Druckluftzufuhr ausgebildet ist. Häufig sind die Werkzeuggriffe auch mit Umschaltern für Rechts- und Linkslauf der Werkzeugspindeln ausgerüstet.

Für Bohrarbeiten an schwer zugänglichen Stellen eines Werkstückes eignen sich Winkelhandbohrer (Bild 2.09). Diese Werkzeuge sind mit denselben Antriebsmotoren ausgerüstet wie die geraden Handbohrer. Lediglich die Werkzeugspindel ist zweiteilig ausgeführt und in einem Winkelkopfstück abgewinkelt. Je nach Konstruktion erfolgt die Kraftübertragung innerhalb des Winkelkopfes über ein Kegelradpaar oder über einen Schneckentrieb. Winkelkopfstücke sind für die verschiedensten Verwendungszwecke ent-

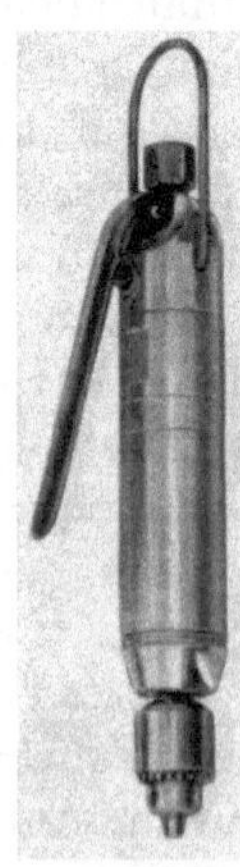

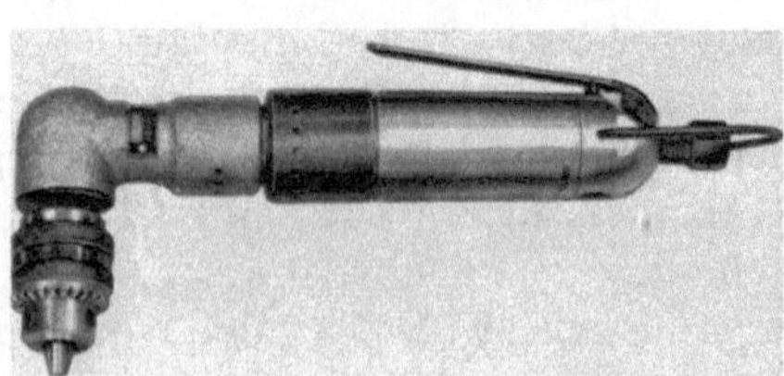

Bild 2.08
Handbohrer in gerader Ausführung.

Bild 2.09. Winkelhandbohrer.

wickelt worden. So stehen heute u. a. Winkelköpfe mit 25,60 und 90 Grad abgewinkelter Werkzeugspindel zur Auswahl. Bild 2.10 zeigt einen Winkelkopf, der unter 90 Grad abgewinkelt und innerhalb von 360 Winkelgraden schwenkbar ist. Der gekröpfte Kopf kann in jeder gewünschten Stellung mittels einer Überwurfmutter festgesetzt werden.

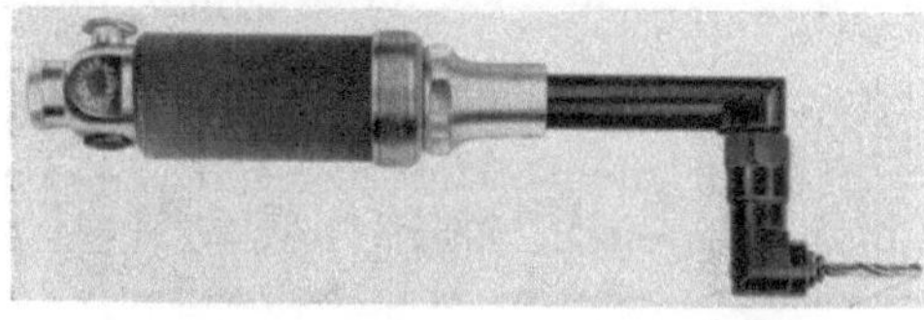

Bild 2.10. Winkelkopf, 360 Grad schwenkbar.

Zum Bohren engtolerierter Bohrungen ist oftmals eine Bohrschablone erforderlich, die je nach Gesamtzahl der zu fertigenden Bohrungen gehärtet sein muß oder mit gehärteten Bohrbüchsen zu bestücken ist. Derartige Bohrschablonen sind in der Herstellung teuer. Aus diesem Grund rüsten einige Druckluftwerkzeughersteller auf Wunsch die Handbohrer mit axial beweglichen Bohrerführungen aus gehärtetem Stahl

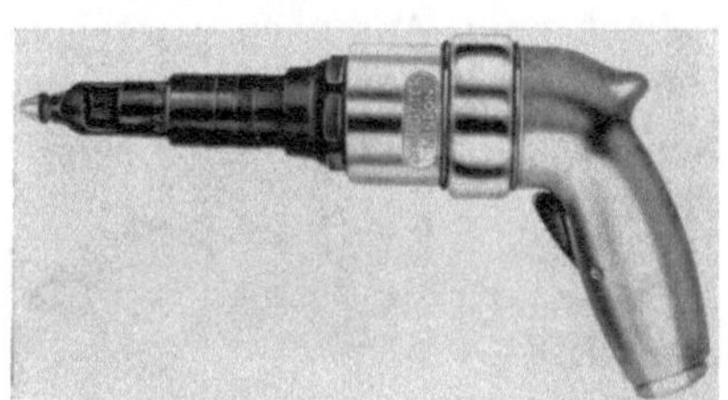

Bild 2.11. Handbohrer mit Bohrerführung.

aus (Bild 2.11). Bei Verwendung dieser Bohrerführungen können einfache ungehärtete Schablonen zum Bohren benutzt werden. Der an der jeweiligen Bohrerführung angebrachte Führungszapfen wird in die Bohrung der Schablone gedrückt. Da die Bohrerführung federbelastet und axial verschiebbar auf dem Handbohrer angeordnet ist, kann die Bohrerführung direkt an das Werkstück herangebracht werden, so daß der Bohrer kurz geführt und geschützt wird. Werden Handbohrer für Bohrarbeiten in Blech eingesetzt, ist es aus Gründen der Werkzeugkosteneinsparung zweckmäßig, nur extra kurze Spiralbohrer, sog. Stoßbohrer DIN 1897 einzusetzen.

Handbohrer können auch mit mechanischen Spindelvorschubaggregaten ausgerüstet werden. Mit Hilfe dieser Zusatzgeräte ist es möglich, Bohrarbeiten unter wirtschaftlichsten Bedingungen durchzuführen. Die Vorschubaggregate sind jedoch nur für jeweils

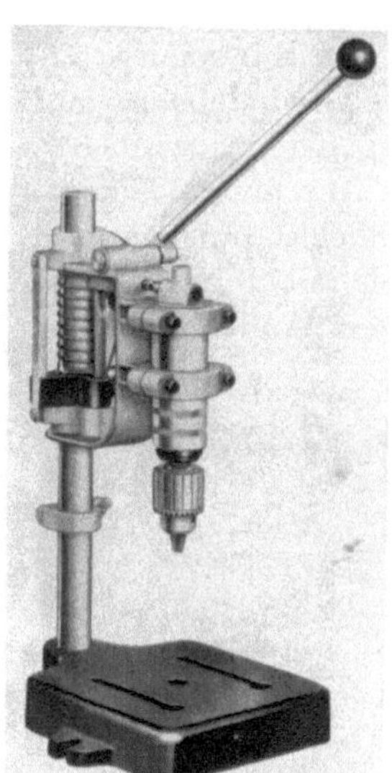

Bild 2.12. Werkzeugständer.

eine Vorschubgeschwindigkeit ausgelegt. Die Werkzeughersteller bieten Vorschubaggregate für Vorschübe von 0,03 bis 0,2 mm/U an. Zum gleichzeitigen Bohren mehrerer Bohrungen mit nur einem Handbohrer werden aufsteckbare Mehrspindelbohrköpfe verwendet, die für den jeweiligen Anwendungsfall konstruiert werden müssen und die im Stichmaß nicht verstellbar sind.

Für die Verwendung der Handbohrer als behelfsmäßige Tischbohrmaschinen (Bild 2.12) dienen Ständer, die die Hersteller auf Wunsch auch mit Magnetplatten zum unmittelbaren Befestigen am Werkstück selbst ausrüsten.

2.22 Senkwerkzeug

Das Senkwerkzeug (Bild 2.13) dient zum Ansenken vorgebohrter Löcher. Der Antrieb erfolgt von einem Lamellenmotor aus über ein Zwischengetriebe auf die Werkzeugspindel. Das Werkzeug ist mit einer Tiefeneinstellung versehen, die ein genaues Einhalten der erforderlichen Ansenktiefe gewährleistet. Ein am Einsteckwerkzeug angebrachter Führungszapfen bewirkt die genaue zentrische Lage der Ansenkung zur vorgebohrten Bohrung. Das Senkwerkzeug hat sich besonders zum Ansenken von Schraubenlöchern, in die Senkkopfschrauben eingedreht werden, bewährt.

Bild 2.13. Senkwerkzeug.

2.23 Gewindeschneider

Zum Herstellen von Innengewinden werden meist besondere Gewindeschneidmaschinen eingesetzt, bei denen der Gewindebohrer entweder durch eine Leitpatrone steigungsmäßig vorgeschoben wird, oder bei denen der Gewindebohrer auf Grund der beim Anschnitt des ersten Gewindeganges geschaffenen Führung in das Gewindeloch hineingezogen wird. Vielfach erfolgt das Gewindeschneiden auch mit von Hand geführten Gewindeschneidern (Bild 2.14), die in ihrem Äußeren den bekannten Handbohrern (Abschn. 2.21) gleichen. Eine Klauenkupplung sorgt beim Gewindeschneiden in Sacklöchern dafür, daß der Gewindebohrer nicht abreißt. Beim Auflaufen des Gewindebohrers trennt die Kupplung den Kraftfluß zwischen Antriebsmotor und Bohrspindel. Durch leichtes Anziehen wird automatisch die Drehrichtung der Spindel umgekehrt,

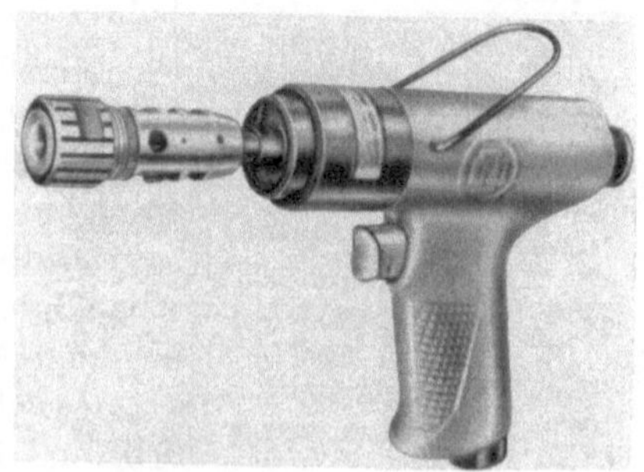

Bild 2.14. Gewindeschneider.

so daß sich der Gewindebohrer aus dem fertiggeschnittenen Gewinde herausschraubt. Oftmals sind die Werkzeuge auch mit Getrieben ausgerüstet, die zweierlei Drehzahlen gestatten, eine langsame für das Gewindeschneiden und eine schnelle für den Rücklauf des Bohrers.

Grundsätzlich werden diese Gewindeschneider von Hand geführt. Der Vorschub erfolgt lediglich durch den Bedienungsmann von Hand und auch durch die Führung des ersten ausgeschnittenen Gewindeganges. Die Güte des Gewindes kann demzufolge nicht so groß sein wie z. B. bei Gewinden, die auf ortsfesten Maschinen bei eingespannten Werkstücken geschnitten werden.

2.24 Bohrvorschubeinheiten

Die nachstehend beschriebenen Bohrvorschubeinheiten eignen sich für Reihenbohrungen und Winkelbohrungen, für zusätzliche Bohrarbeiten auf Werkzeugmaschinen oder aber auch zum Einsatz in Montagebetrieben. Die größte Bohrleistung beträgt 20 mm Durchmesser (in Stahl). Die Drehzahlen liegen zwischen 150 und 15000 U/min.

Bild 2.15 zeigt einen Längsschnitt durch eine Bohrvorschubeinheit. Der Antrieb der Bohrspindel erfolgt über einen Druckluftlamellenmotor, dessen Drehzahl durch ein Planetengetriebe untersetzt wird. Durch Einbau von Zwischengetrieben können die Spindeldrehzahlen geändert werden. Die Größenverhältnisse einer Bohrvorschubeinheit zum Bohren

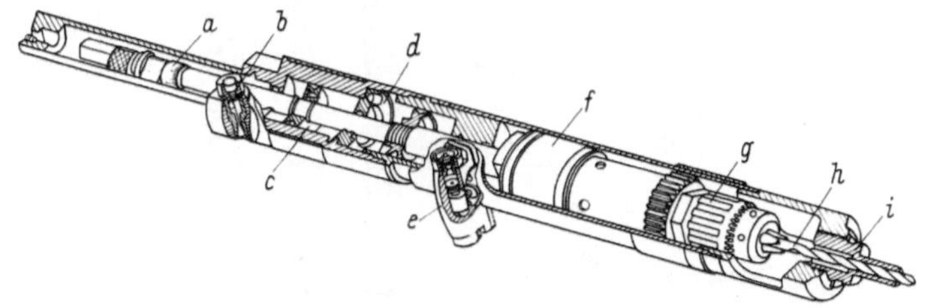

Bild 2.15. Bohrvorschubeinheit, Längsschnitt.
a Vorschubbegrenzung; b Vorschubregler; c Rückschlagventil; d Rücklaufkolben; e Steuerventil; f Druckluftlamellenmotor; g Bohrfutter; h Spiralbohrer; i Bohrbüchse.

von Löchern bis zu 6 mm Durchmesser in Stahl bzw. 8 mm Durchmesser in Aluminium sind anhand folgender technischer Daten veranschaulicht [2]:

Leerlaufdrehzahl	5000 U/min
Drehzahl bei max. Belastung	2600 U/min
Luftverbrauch bei max. Belastung	0,65 m³/min
Baulänge ohne Bohrfutter	660 mm
Gesamtvorschub	100 mm
Vorschub von 0 bis 40 mm/sec stufenlos regelbar	
Gewicht	12 kg
(Leistungsangaben bei 6 atü Betriebsdruck)	

Die Hauptvorteile der Bohrvorschubeinheiten zeigen sich beim Einsatz als Mehrwegebohrmaschinen (Bild 2.16). Sind z. B. in ein Werkstück von verschiedenen Richtungen her Löcher zu bohren, so ist für die Fertigung kleiner Serien die Anschaffung einer Mehrspindelbohrmaschine

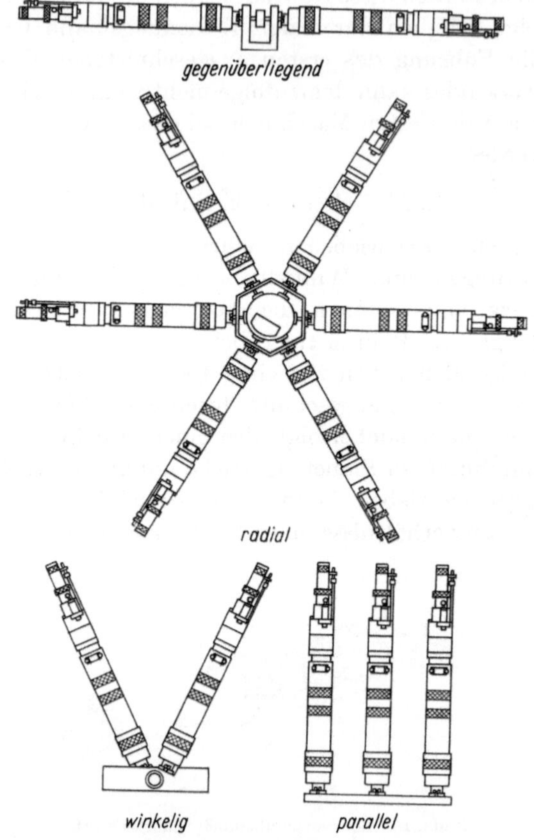

Bild 2.16. Bohrvorschubeinheiten, Beispiele für die Anordnung.

wirtschaftlich nicht vertretbar. Wollte man demzufolge die Werkstücke nach herkömmlichen Verfahren bearbeiten, so hieße das, jede Bohrung in einem besonderen Arbeitsgang mit jeweiligem Umspannen eventuell sogar auf separaten Vorrichtungen zu bohren. Mittels einiger Bohrvorschubeinheiten, die Anzahl richtet sich nach der Zahl der Bohrungen je Werkstück, und u. U. mit nur einer einzigen Bohrvorrichtung kann die Arbeit in einer Spannung schnell ausgeführt werden. Werden Werkstücke verschiedener Abmessungen gefertigt, so wird lediglich die zu jeder Werkstückart gehörende Vorrichtung benötigt. Die Bohrvorschubeinheiten lassen sich, da sie leicht montier- und demontierbar sind, jeweils auf die benötigte Vorrichtung umstecken. Sie brauchen demzufolge nur in einer Bestückung vorhanden zu sein.

Die Befestigung der Bohrvorschubeinheiten in der Vorrichtung erfolgt meist mit Hilfe eines Bajonettverschlusses (Bild 2.17), der mit

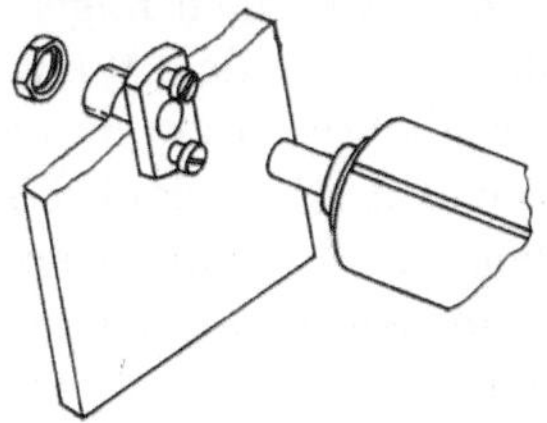

einem Bohrerführungszylinder ausgerüstet ist. Der Bohrerführungszylinder ist unmittelbar an dem Spindelkopf angebaut. Dadurch ist eine Befestigung der Einheit nach den drei auf Bild 2.18 gezeigten Verfahren möglich.

Die Bohrvorschubeinheiten werden entweder mit Standardbohrfuttern oder Morsehülsen ausgestattet. Somit ist die Verwendung sämtlicher in DIN 340 bzw. 345 genormten Bohrer möglich. Für spezielle Bohrarbeiten werden Bohrvorschubeinheiten mit Sonderspindeln zur Aufnahme von Stellhülsen verwendet.

Bild 2.17. Bajonettverschluß.

Die Bohrvorschubeinheiten können mit einer Vorschubsteuerung ausgerüstet werden, die unabhängig vom Bohrwiderstand den Vorschub steuert. Die Arbeitsweise der Vorschubsteuerung (Bild 2.19) ist folgende:

Das Ende der Kolbenstange d drückt gegen eine Steuerstange a, die die Funktion einer Nockenwelle hat. Diese Steuerstange besitzt zwei oder

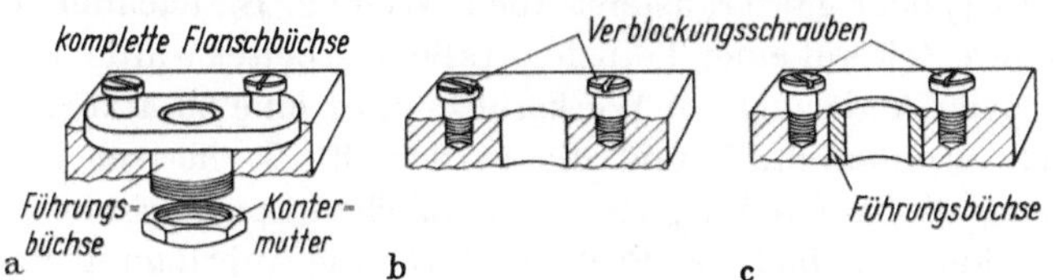

Bild 2.18 a—c. Befestigungsarten.

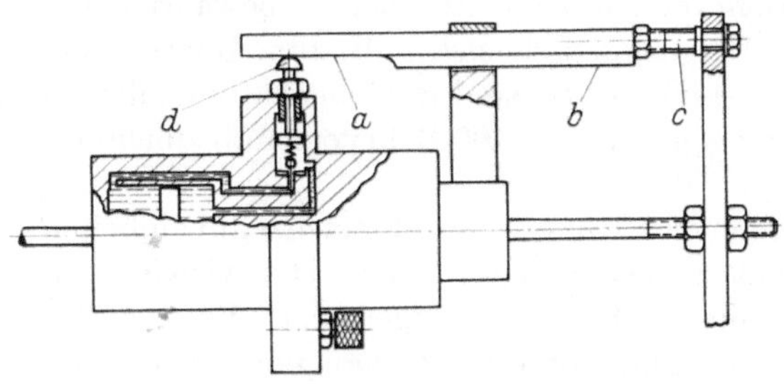

Bild 2.19. Vorschubsteuerung. *a* Steuerleiste für Eilvorschub; *b* Steuerleiste für Arbeitsvorschub; *c* Einstellschraube; *d* Kolbenstange.

mehrere Leisten b, die über die Kolbenstange d das Vorschubventil betätigen. Solange die Steuerleiste a gegen die Kolbenstange d drückt, ist der Eilvorschub eingeschaltet. Ein Umschalten auf den Arbeitsvorschub erfolgt, sobald die Leiste *b* die Kolbenstange *d* berührt. Die Steuerstange kann mit Hilfe der Einstellschraube *c* in ihrer Lage eingestellt werden. Der Bohrerdurchbruch kann mittels einer Dämpfungshydraulik gedämpft werden. Durch die zusätzliche Vorschubsteuerung ist z. B. das wirtschaftliche Bohren eines U-Profils möglich, und zwar nach folgendem Steuerschema: Eillauf vor, dann einige Millimeter vor dem Werkstück umschalten auf Arbeitsvorschub und durchbohren des ersten U-Schenkels, nach Bohrerdurchbruch umschalten auf Eilvorlauf bis einige wenige Millimeter vor dem zweiten U-Schenkel, umschalten auf Arbeitsvorschub, nach Durchbruch Eilrücklauf in Ausgangsstellung.

Bei einigen Bohrarbeiten ist das Freischneiden des Werkzeuges am Ende des Arbeitsganges erforderlich, d. h., das Werkzeug muß in der Spindelendlage noch einige Umdrehungen ohne Vorschub machen, bevor der Eilrücklauf beginnt. Auch für diesen Zweck kann eine Zusatzsteuerung angebracht werden. Einige Hersteller haben auch eine Steuereinrichtung zum sog. Tieflochbohren entwickelt. Diese Steuereinrichtung bewirkt das automatische Rücklaufen der Bohrspindel zum Ausspänen.

Die Kühlung des Bohrwerkzeuges geschieht durch die aus den Auslaßschlitzen austretende Abluft. Meist ist diese Kühlung ausreichend, so daß auf flüssige Kühlmittel verzichtet werden kann.

Bewährt haben sich die Bohrvorschubeinheiten auch als Zusatzspindeln für bereits vorhandene Bohrmaschinen, Automaten (siehe Abschn. 13.1) oder gar Transferstraßen. Wenn z. B., nachdem ein Werkstück längere Zeit auf einer Transferstraße bearbeitet wurde, infolge einer konstruktiven Änderung am Werkstück selbst eine zusätzliche Bohrung angebracht werden muß, und die in der Straße herrschenden Platzverhältnisse die Aufstellung einer zusätzlichen neuen Einheit nicht gestatten, so kann vielfach das Problem durch die Anbringung einer druckluftbetriebenen Bohrvorschubeinheit gelöst werden. Ein weiteres Gebiet, auf dem sich Bohrvorschubeinheiten bereits bewährt haben, ist der Kfz-Karosseriebau. Hier eignen sie sich z. B. zum Bohren der Befestigungslöcher für Zierleistenclips. So sind in einer Automobilfabrik in den USA Bohrvorrichtungen mit über je 400 Bohrvorschubeinheiten im Karosseriebau im Einsatz.

Eine Weiterentwicklung der Bohrvorschubeinheiten stellen die Druckluftgewindeschneideinheiten dar. Die Gewindeschneideinheiten sind mit Mikrometerschrauben ausgerüstet, die zur Tiefeneinstellung dienen. Die Tiefe kann mit einer Genauigkeit von $\pm^1/_4$ Gewindegang eingestellt werden. Wenn die voreingestellte Tiefe erreicht ist, wird durch die Mikrometerschraube ein Ventilmechanismus betätigt, der die Bohrspindel umsteuert, so daß der Gewindebohrer eine rückläufige Drehbewegung macht. Die erreichbare Tiefengenauigkeit gestattet es, die Gewindeschneideinheiten auch zum Gewindeschneiden in Sacklöchern zu verwenden. Durch die leichte Umschaltbarkeit eignen sich diese Einheiten auch zur Herstellung von Gewinden in besonders harten Materialien. In solchen Fällen läßt der Bedienungsmann die Spindel so lange in die Bohrung einlaufen, bis das Werkzeug zum Stillstand kommt. Dann wird das Steuerventil betätigt und die Spindel dreht in entgegengesetzter Richtung. Dieses Arbeitsspiel wird so lange wiederholt, bis die gewünschte Gewindetiefe erreicht ist.

Die Vor- und Rücklaufgeschwindigkeiten sind stufenlos einstellbar. Die Vorlaufdrehzahl richtet sich nach dem Gewindebohrer. Die Rücklaufgeschwindigkeit wird meist etwas geringer gewählt, um die Beschädigung des beim Rücklauf letzten Gewindeganges durch den im geschnittenen Gewinde geführten Gewindebohrer zu vermeiden.

Die Gewindeschneideinheiten eignen sich ebenfalls zum Einbau in Werkzeugmaschinen oder in Spezialvorrichtungen. Die Befestigung erfolgt wie bei den oben beschriebenen Bohrvorschubeinheiten z. B. durch einen Bajonettverschluß. Sollen in dicht nebeneinanderliegende Bohrungen Gewinde geschnitten werden, so können die Gewindeschneideinheiten mit Mehrspindelköpfen ausgestattet werden.

2.3 Werkzeuge für Fräsarbeiten

2.31 Fräser

Zum Entfernen von Guß- und Schmiedegrat, zum Anfasen von Werkstückkanten, zur Gesenkbearbeitung usw. eignet sich der Fräser (Bild 2.20). Dieses Werkzeug gleicht in seiner Konstruktion dem Schleifer (Bild 2.23). Als Werkzeugeinsätze werden sog. Hartmetallrotorfräser benutzt, die je nach Formgebung als Tropfen-, Zylinder-, Kugel-, Geschoß-, Rundkegel-, Spitzkegel- und Kugelzylinder-Form-Fräser bezeichnet werden.

Die Hartmetallrotorfräser müssen mit hoher Drehzahl angetrieben werden (zwischen 10000 und 50000 U/min). Die erforderliche Drehzahl richtet sich u. a. nach der Art der Fräserverzahnung, die wiederum von der Beschaffenheit des zu zerspanenden Werkstoffes abhängt. Als Antriebsmotoren werden je nach benötigter Drehzahl sowohl Lamellen- als auch Turbinenmotoren verwendet.

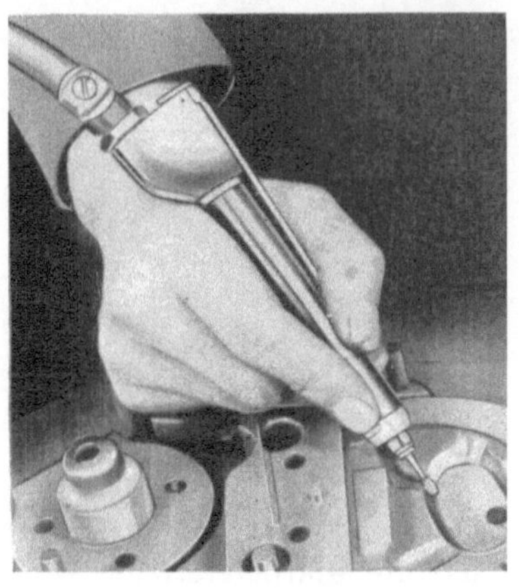

Bild 2.20. Fräser.

2.32 Elektrodenfräser

Der Elektrodenfräser (Bild 2.21) dient zum Anspitzen von Schweißelektroden elektrischer Punktschweißmaschinen. Der Fräsereinsatz ist
in dem flachen Kopfstück angeordnet. Der Antrieb des Fräsereinsatzes
erfolgt von einem Lamellenmotor aus über ein Zwischengetriebe. Die
Kraftübertragung innerhalb des besonders flach ausgebildeten Kopf-

Bild. 2.21. Elektrodenfräser.

stückes geschieht durch Zwischenzahnräder. Die niedrige Bauhöhe des
Kopfstückes ermöglicht ein Elektrodenanspitzen direkt an der Schweißmaschine, d. h. ohne vorherigen Ausbau der Elektroden. Der Elektrodenfräser wird besonders häufig im Karosseriebau eingesetzt, da er
sich nicht nur zum Anspitzen der Schweißelektroden ortsfester Schweißmaschinen, sondern auch zum Anspitzen von Schweißzangenelektroden
eignet.

2.33 Bolzenfräser

Der Bolzenfräser (Bild 2.22) wird zum Abfräsen von überstehenden
Schraubenbolzen nach dem Anziehen der Muttern verwendet. Der Antrieb erfolgt von einem Lamellenmotor
aus. Das Einsteckwerkzeug ist in
einer Hülse gelagert, die über die Mutter
hinweggreift und den Bolzenfräser zum
Schraubenbolzen zentriert. Der Werkzeugkopf kann auf jede beliebige Tiefe
eingestellt werden, so daß es möglich
ist, den jeweiligen Schraubenbolzen so
weit abzufräsen, daß er mit der Mutter
genau bündig ist. Nach dem Fräsarbeitsgang kann die Schraube durch
Körnerschlag gegen Lösen gesichert
werden, ein Verfahren, das im Flugzeugbau häufig angewendet wird.

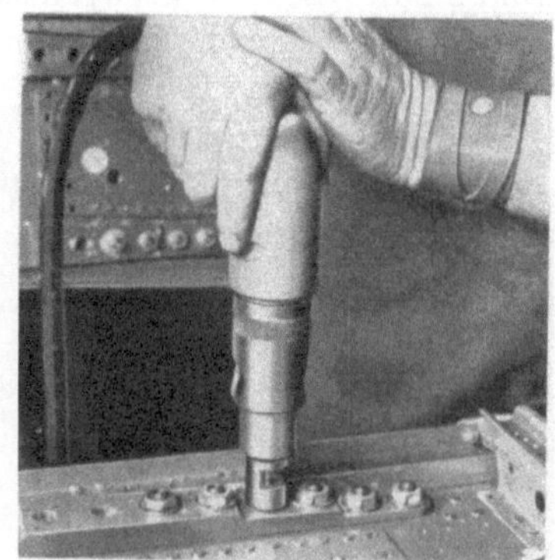

Bild 2.22. Bolzenfräser.

Der Bolzenfräser kann auch zum Abfräsen vorstehender Köpfe
von Senknieten eingesetzt werden. Die eingebaute Mikrometerfeineinstellung ermöglicht das exakte Einhalten der gewünschten Frästiefe.

2.4 Werkzeuge für Schleif- und Polierarbeiten

2.41 Werkzeugschleifer

Der Werkzeugschleifer (Bild 2.23) eignet sich für Schleifarbeiten in der Schnittwerkzeug- und Gesenkfertigung, für Entgratarbeiten usw. Die Drehzahl der Schleifspindel liegt je nach Werkzeugkonstruktion zwischen 10000 und 90000 U/min, so daß der Antrieb der Schleifspindel entweder durch einen Lamellenmotor oder durch einen Turbinenmotor erfolgt.

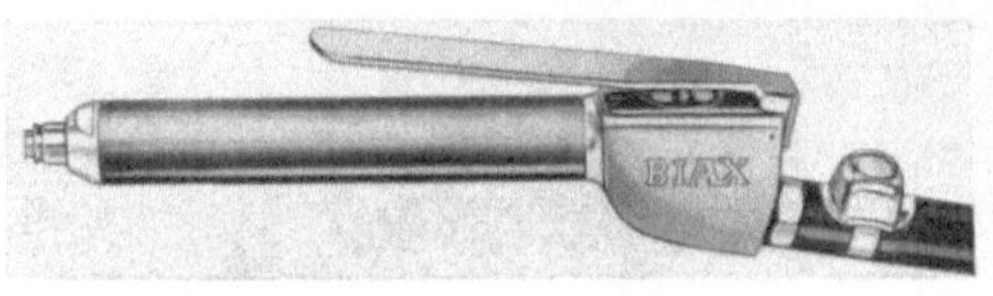

Bild 2.23. Werkzeugschleifer.

Werkzeugschleifer sind meist in gerader Ausführung, also ohne Haltegriff eingesetzt. Diese Bauform ergibt ein geringes Werkzeuggewicht und damit eine bessere Handlichkeit. Das Gewicht der Werkzeugschleifer beträgt zwischen 0,4 bis 1,0 kg. Die Länge der Werkzeuge ist unterschiedlich. Sie beträgt zwischen 120 und 250 mm bei Durchmessern zwischen 35 bis 60 mm.

Das Einlaßventil für die Druckluft wird durch Druck auf den Hebel geöffnet. Der Hebel dient nicht nur zum Öffnen und Schließen des Einlaßventils, sondern auch bei sachgemäßer Handhabung zur stufenlosen Drehzahlwahl. Außerdem ist an dem Werkzeug noch eine Geschwindigkeitsregelschraube angebracht, die eine Drehzahlabstimmung auf das Material des zu schleifenden Werkstückes ermöglicht. Der Hebel kann erforderlichenfalls mit Hilfe eines Spannringes festgesetzt werden, so daß der Bedienungsmann bei langwierigen Schleifarbeiten nicht ständig den Hebel zu betätigen braucht.

Als Aufnahme für den Werkzeugeinsatz dient eine Spannzange. Die Form des Werkzeugeinsatzes kann der Schleifarbeit entsprechend gewählt werden. Es können alle Arten von Schleifstiften verwendet werden, und zwar Walzenrundstifte, Kugelstifte, Walzenkegelstifte, Kegelstifte, Topfstifte und Schneideisenstifte. Für Polierarbeiten finden Schwabbelscheiben, Filzpolierkörper und Schleiffächer Verwendung.

2.42 Handschleifer

Der Handschleifer (Bild 2.24) eignet sich für Entgratarbeiten, wie sie z. B. an Gußstücken vorkommen, zum Säubern von Schweißnähten, zum Abschleifen von Angüssen und Steigern u. a. m. Als Antrieb dient ein Lamellenmotor, dessen hohe Drehzahl meist direkt, d. h. ohne Zwischengetriebe, auf eine Schleifscheibe übertragen wird. Die Umfangsgeschwindigkeiten der Schleifscheiben sind aus Gründen der Unfallverhütung begrenzt. Damit infolge von Luftdruckschwankungen im

Rohrnetz die zulässige Schleifscheibenumfangsgeschwindigkeit nicht überschritten wird, werden mittlere und große Handschleifer mit Drehzahlreglern ausgerüstet. Bei diesen handelt es sich meist um Fliehkraftregler, die bei Drehzahlsteigerung über Gestänge, die auf federbelastete

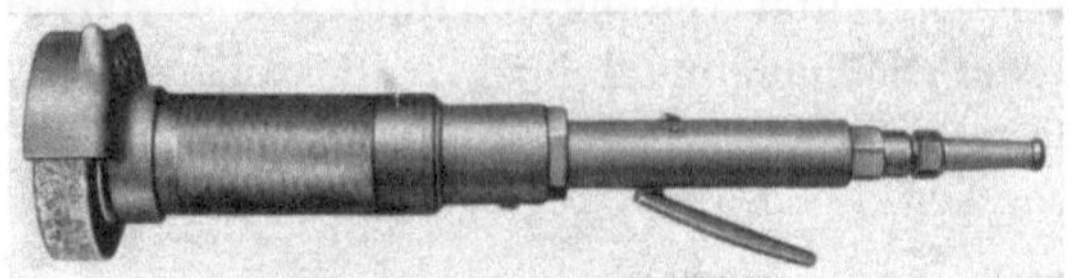

Bild 2.24. Handschleifer.

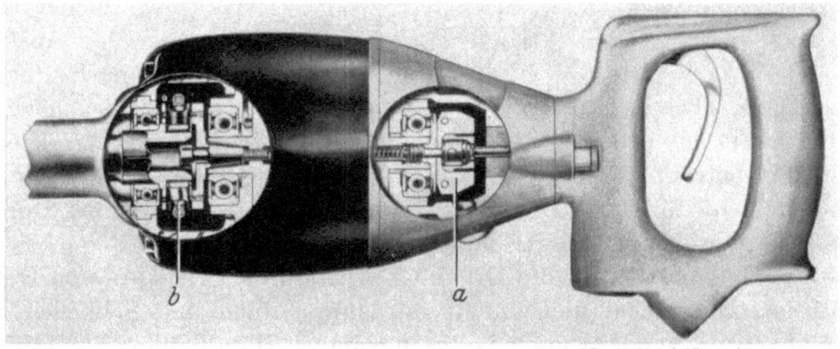

Bild 2.25. Handschleifer.
a Fliehkraftregler; *b* Fliehkraftkupplung.

Ventile wirken, die Zufuhr der Druckluft drosseln (Bild 2.25). Die Ventilfedern bestimmen durch ihre Federcharakteristik die maximalen Drehzahlen der Werkzeuge und können den erforderlichen Drehzahlen entsprechend ausgewählt werden.

Für den Fall, daß der Fliehkraftregler aus irgendeinem Grund versagt, ist bei einigen der angebotenen Handschleifer eine zweite Sicherung in Form einer Fliehkraftkupplung eingebaut (Bild 2.26). Bei dieser Konstruktion ist die Werkzeugspindel zweiteilig ausgeführt. Die Antriebswelle *a* wird durch die Fliehkraftkupplung *d* mit der Abtriebswelle *b* verbunden. Als Mitnehmer wirken zwei Zylinderstifte *c*, die durch eine um die Kupplung herum angeordnete Spiralfeder *e* in die Mitnahmebohrungen gedrückt werden (Bild 2.26). Steigt die Drehzahl des Lamellenmotors durch Ausfall des Fliehkraftreglers unzulässig hoch an, werden die Zylinderstifte *c* der Fliehkraftkupplung durch die Fliehkraft nach außen gegen die Feder *e* gedrückt, und zwar so

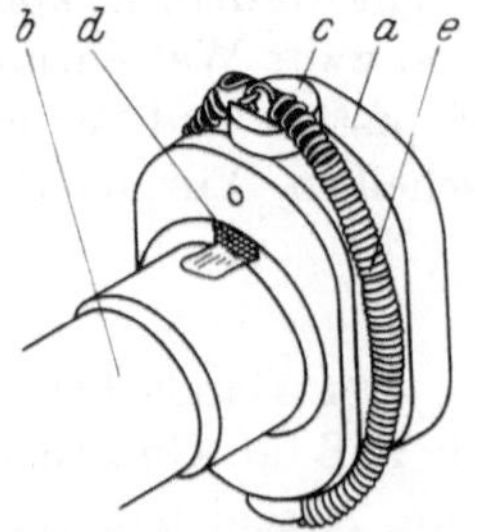

Bild 2.26
Fliehkraftkupplung.
a Antriebswelle; *b* Abtriebswelle; *c* Zylinderstift; *d* Fliehkraftkupplung; *e* Spiralfeder.

weit, bis die Abtriebswelle *b* nicht mehr mitgenommen wird und schließlich stehenbleibt. Diese Konstruktion macht eine nochmalige Inbetriebnahme des Werkzeuges durch den Bedienungsmann nach Ausrasten der Fliehkraftkupplung unmöglich. Das Werkzeug muß erst geöffnet werden, um die Zylinderstifte wieder mit der Abtriebswelle in Eingriff bringen zu können. Bei diesen Reparaturarbeiten soll dann gleichzeitig, das ist der weitere Sinn der Fliehkraftkupplungskonstruktion, der Fliehkraftregler wieder in Ordnung gebracht werden.

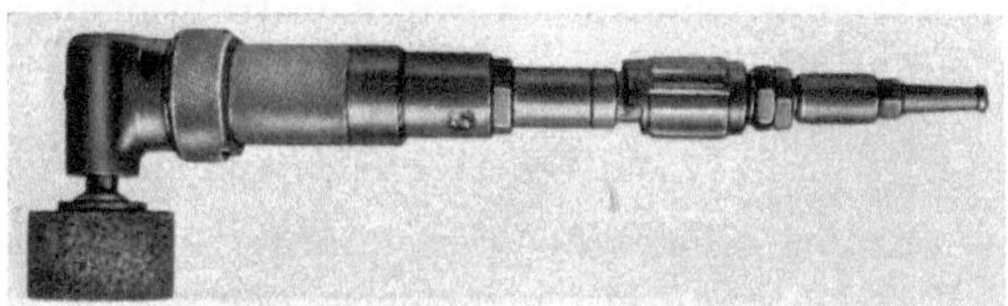

Bild 2.27. Winkelschleifer.

Die Drehzahl eines Handschleifers mit Fliehkraftregler fällt bei Belastung nur geringfügig ab. Der Drehzahlabfall beträgt etwa 10 %, während er für ein Werkzeug ohne Fliehkraftregler bis zu 40 % betragen kann. Die Elektrowerkzeughersteller führen den Drehzahlabfall und den damit verbundenen Leistungsverlust oftmals als Nachteil der Druckluftschleifer an. Der Drehzahlabfall eines Schnellfrequenzwerkzeuges beträgt etwa 5 % (vgl. Abschn. 10.3). Der Drehzahlabfall eines Druckluftschleifers mit Fliehkraftregler kann also im Vergleich zu dem Drehzahlverhalten eines Schnellfrequenzwerkzeuges kaum noch als Nachteil geltend gemacht werden.

Handschleifer werden auch als Winkelschleifer gebaut. Die Kraftübertragung innerhalb des Winkelkopfes erfolgt über ein Kegelradpaar (Bild 2.27).

2.43 Naßschleifer

Der Naßschleifer (Bild 2.28) gleicht äußerlich einem Winkelschleifer. Die Werkzeugspindel ist jedoch auf ganzer Länge durchbohrt und mit einem Anschluß für einen Wasserschlauch versehen. Das Wasser tritt im Zentrum der Schleifscheibe aus.

Das Lackieren eines Werkstückes setzt eine einwandfrei vorbereitete Werkstückoberfläche voraus. Für derartige Schleif-

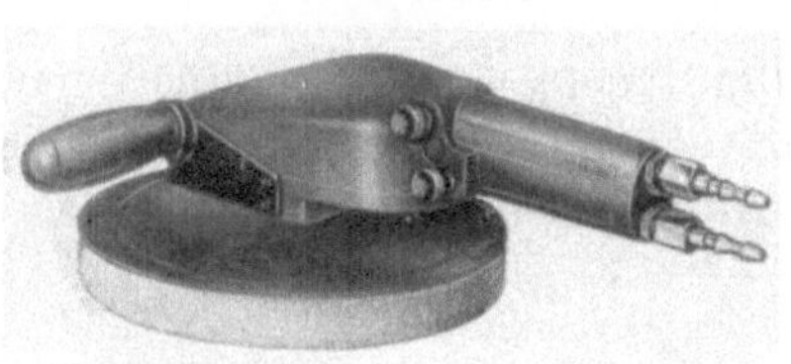

Bild 2.28. Naßschleifer

arbeiten sind die Naßschleifer besonders geeignet. Diese Werkzeuge werden in großer Zahl z. B. in Automobilfabriken verwendet, und zwar zum Feinschleifen der grundierten Karossen vor dem Lackieren. Für diese Arbeiten wird der Naßschleifer mit einem Moosgummiteller versehen, auf den ein sog. Gitterleinen aufgelegt wird. Dieses Gitterleinen dient zur Befestigung des Schleifpapiers. Der Moosteller ist flexibel, so daß die verschiedenen Konturen der jeweiligen Karosserie ohne Schwierigkeiten geschliffen werden können. Die zentrale Wasserzufuhr gewährleistet eine gute Kühlung und ein schnelles Wegschwemmen des Schleifstaubes. Es sind auch Naßschleifer im Handel, bei denen das Kühlwasser mit Hilfe einer um den Schleifteller gelegten Ringleitung zugeführt wird. Die Kühlung der Schleifflächen ist jedoch bei derartigen Konstruktionen nicht in dem Maße gewährleistet wie bei zentraler Kühlwasserzufuhr.

2.44 Tellerschleifer

Der Tellerschleifer (Bild 2.29) eignet sich zur Metall- und Holzbearbeitung. Er kann wahlweise mit einer Schleifscheibe oder auch mit einem Gummiteller, auf den Schmirgel- oder Polierleinen aufgelegt wird, ausgerüstet werden. Das Werkzeug besitzt einen Lamellenmotor, der direkt auf die gerade ausgeführte Werkzeugspindel wirkt. Tellerschleifer werden, wie die Handschleifer, mit Fliehkraftreglern ausgestattet. Je nach Werkzeugspindeldrehzahl und nach Schleifscheibenbindung können Schleifscheiben bis zu 150 mm Durchmesser verwendet werden.

Tellerschleifer werden vielfach auch zum Polieren lackierter Werkstückoberflächen verwendet. Für diesen Zweck wird das jeweilige Werkzeug mit einem Gummiteller bestückt, über den eine weiche, meist aus Lammfell gefertigte Polierhaube gezogen wird.

Tellerschleifer werden meist mit zwei Handgriffen ausgerüstet, die unter einem Winkel von 90 bis 120 Grad zueinander angeordnet sind. Entweder ist einer dieser Handgriffe mit einem Drucklufteinschalthebel versehen oder aber als Drehgriff zum Öffnen und Schließen der Drucklufteinlaßöffnung ausgebildet.

Bild 2.29. Tellerschleifer.

2.45 Bandschleifer

Als Bandschleifer (Bild 2.30) finden meist mit Zusatzgeräten bestückte Handschleifer Verwendung. An dem betreffenden Handschleifer wird ein Distanzstück befestigt, das mit einer Querbohrung zur Aufnahme einer Umlenkrolle versehen ist. In der Aufnahme der Werkzeugspindel wird eine Antriebswelle befestigt, während in der Querbohrung des Distanzstückes die Umlenkrolle angebracht wird. Auf beide Rollen wird ein endloses Schleifband geschoben. Bandschleifer eignen sich zur Bearbeitung von konkaven und konvexen Werkstückkonturen. Bei Schleifarbeiten an konvexen Werkstückoberflächen legt sich das Schleifband an die betreffende Fläche an. Für Schleifarbeiten an konkaven Werkstückflächen kann der Halbmesser der Umlenkrolle ggf. so gewählt werden, daß er dem Halbmesser der konkaven Fläche entspricht.

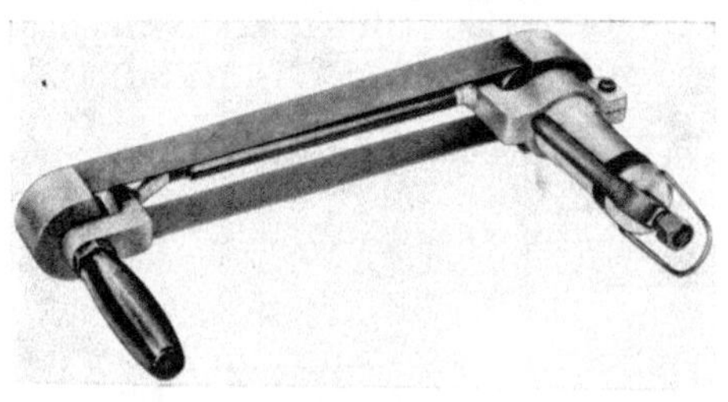

Bild 2.30. Bandschleifer.

Für alle in diesem Abschnitt besprochenen Schleifwerkzeuge müssen die geltenden Unfallverhütungsvorschriften streng beachtet werden. Die Druckluftwerkzeughersteller haben die mit Schleifarbeiten verbundenen Unfallgefahren durch Entwicklung geeigneter Fliehkraftregler und Schleifscheibenschutzvorrichtungen mindern können.

2.5 Werkzeuge für Fügearbeiten

2.51 Schrauber

Schrauber dienen zum Anziehen und Lösen von Schrauben und Muttern und zum Eindrehen von Stiftschrauben. Schrauber sind eine Weiterentwicklung der Handbohrer und sind diesen äußerlich sehr ähnlich. Der Einsatz von Schraubern lohnt sich überall da, wo viele Schrauben und Muttern anzuziehen oder zu lösen sind. Die Schrauber unterscheiden sich nicht nur nach der verwendeten Antriebsenergie (Druckluft, elektrischer Strom), sondern auch nach der Bauform ihrer Getriebe, Kupplungen und Schlagwerke. Es gibt zwei grundsätzlich verschiedene Schrauberarten, und zwar *Drehschrauber* und *Schlagschrauber* (Bild 2.31).

Beide Schrauberarten werden für den Antrieb mittels Druckluft als Einspindel- und als Mehrspindelwerkzeuge in verschiedenen Ausführungen gebaut.

Häufig wird für Schrauber die Sammelbezeichnung „Schlagschrauber" gewählt. Diese Bezeichnung ist darauf zurückzuführen, daß beide Schrauberarten, der Drehschrauber (mit Rutschkupplung) und der Schlagschrauber, beim Schraubenanzug ein Schlaggeräusch verursachen. Die Sammelbezeichnung „Schlagschrauber" ist jedoch technisch *falsch*.

2.511 Drehschrauber. Drehschrauber besitzen als Antriebsmotor einen Druckluftlamellenmotor. Die Drehbewegung des Rotors wird über ein

Planetengetriebe auf die Werkzeugspindel übertragen. Es gibt vier Drehschrauberbauarten, und zwar:

Drehschrauber mit Direktantrieb,
einfacher Rutschkupplung,
doppelter Rutschkupplung,
Trennkupplung.

Bei den Drehschraubern mit Direktantrieb (Bild 2.32) wird das Drehmoment der Abtriebsspindel durch Drosselung der Druckluft ein-

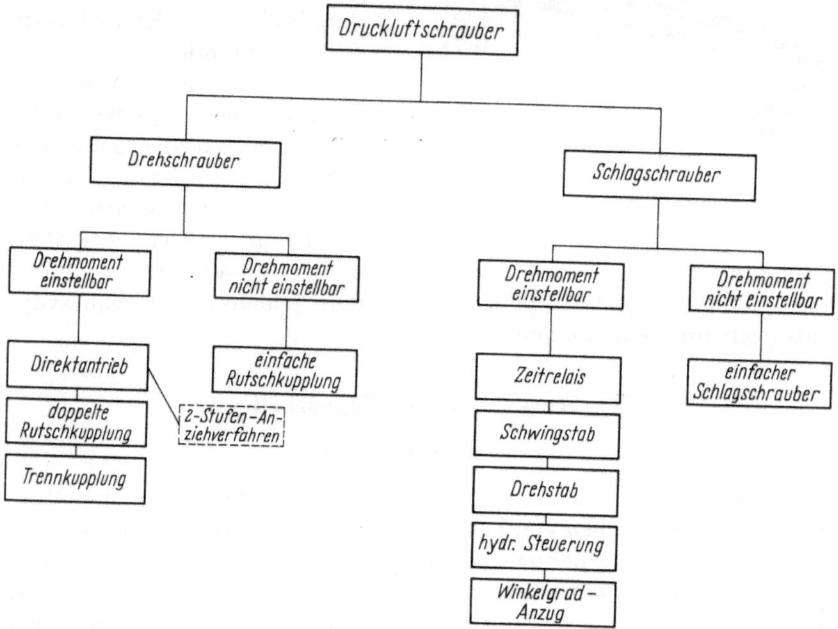

Bild 2.31. Schrauberbauarten.

gestellt, d. h., es befindet sich zwischen dem Rotor des Lamellenmotors und der Abtriebsspindel kein einstellbares Kupplungselement. Bei Erreichen des gewünschten Drehmomentes bleibt die Abtriebsspindel stehen. Das dabei auftretende Reaktionsmoment muß bei von Hand geführten Einspindelwerkzeugen vom Bedienungsmann aufgenommen werden. Die Belastung durch das Reaktionsmoment des Werkzeuges bedeutet für den Bedienungsmann — wie die Praxis täglich zeigt — eine große Unfall-

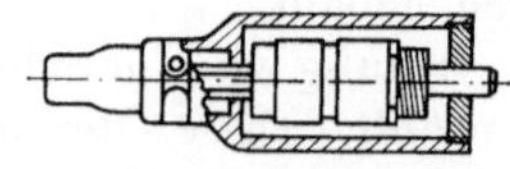

Bild 2.32. Direktantrieb.

gefahr (plötzliches Herumschlagen des Werkzeuges). Demzufolge muß unbedingt darauf geachtet werden, daß Drehschrauber mit Direktantrieb nur bis zu einem Drehmoment von maximal 5 mkp eingesetzt

werden. In einer Fließbandmontage z. B. ist es einem Arbeiter nicht
zuzumuten, acht Stunden und u. U. noch länger Reaktionsmomente aufzunehmen, die über 5 mkp liegen [4].

Drehschrauber mit einfacher Rutschkupplung (Bild 2.33) werden in
erster Linie für das Eindrehen von Holzschrauben und selbstschneidenden
Schrauben, sog. Treibschrauben, verwendet. Das erreichbare Drehmoment
ist von der Kraft abhängig, mit der der Bedienungsmann das Werkzeug
auf die Schraube drückt. Dadurch ist es möglich, je nach Schwergängig-
keit der Schraube sowohl das Drehmoment als auch die Drehzahl
zu verändern. Drehschrauber mit einfacher Rutschkupplung können
jedoch nur da eingesetzt werden, wo große Drehmomenttoleranzen zu-
lässig sind.

Drehschrauber mit doppelter Rutschkupplung (Bild 2.34) werden
zum Anziehen von Schrauben und Muttern mit enger tolerierten Dreh-

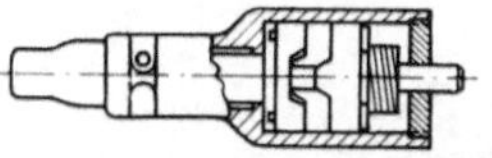

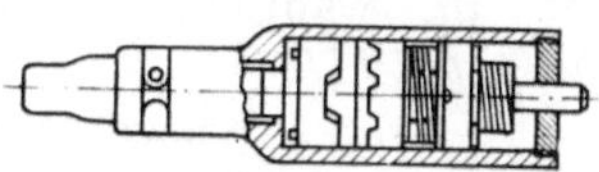

Bild 2.33. Einfache Rutschkupplung.   Bild 2.34. Doppelte Rutschkupplung.

momenten eingesetzt. Das gewünschte Drehmoment kann durch Federvorspannung eingestellt werden. Die Feder preßt die beiden Kupplungshälften gegeneinander. Bei Erreichen des eingestellten Drehmomentes
ratschen die Kupplungshälften über. Während des Ratschens wird das
Anzugsmoment noch geringfügig erhöht. Die Rutschkupplungshälften
verschleißen natürlich schnell. Demzufolge muß die Anzugsgenauigkeit
der Schrauber ständig überprüft werden.

Zum Anziehen von Schlitz- und Kreuzschlitzschrauben eignen sich
sowohl Drehschrauber mit einfacher als auch mit doppelter Rutschkupplung besonders, da die Anlaufdrehzahl der Spindel in Abhängigkeit von der Kraft, die der Bedienungsmann auf das Werkzeug ausübt,
so gering gehalten werden kann, daß die eingebaute Schraubendreherklinge schnell den Schraubenschlitz findet und in diesen einspringt, ohne
lange Zeit fräserartig den Schraubenkopf zu bearbeiten und ggf. zu
beschädigen.

Bei den Drehschraubern mit Trennkupplung kann das gewünschte
Drehmoment an einem Einstellring eingestellt werden. Beim Anziehen
einer Schraube oder Mutter werden die beiden Kupplungshälften von-
einander getrennt, sobald das eingestellte Drehmoment erreicht ist. Je
nach Konstruktion bewirkt dieses Kupplungstrennen entweder zugleich
eine Sperrung der Druckluftzufuhr und damit einen sofortigen Stillstand
des Werkzeuges oder aber ein Weiterlaufen des Lamellenmotors bei
stillstehender Abtriebspindel.

Im Gegensatz zu den Drehschraubern mit Direktantrieb, einfacher Rutschkupplung und doppelter Rutschkupplung treten bei den Schraubern mit Trennkupplung weder den Bedienungsmann gefährdende Werkzeugreaktionsmomente noch störende Vibrationen auf.

Bild 2.35 zeigt sechs verschiedene Schraubfälle und gibt Auskunft über die Anwendungsmöglichkeiten der einzelnen Kupplungskonstruktionen. Die Schraubfälle sind nachstehend erklärt:

Schraubfall I, ohne Beilagen. Die Schraube oder Mutter wird bis zur Anlage des Schraubenkopfes bzw. der Mutternauflagefläche mit sehr niedrigem Drehmoment angezogen. Dann steigt beim weiteren Anziehen das Drehmoment plötzlich stark an.

Schraubfall II, mit weicher Zwischenlage. Die Schraube oder Mutter wird bis zur Anlage des Schraubenkopfes bzw. der Mutterauflagefläche mit sehr niedrigem Drehmoment angezogen. Dann steigt das Drehmoment an, während die Zwischenlage zusammengedrückt wird.

Schraubfall III.

> Kurve *A* mit weicher Zwischenlage,
> Kurve *B* ohne Zwischenlage.

Werden selbstschneidende Schrauben in dickwandige Werkstücke eingeschraubt, ergibt sich infolge des Schneidmomentes ein steter Anstieg der Drehmomentkurve, bis der Schraubenkopf zur Anlage kommt. Je nach Art der Zwischenlage zeigt sich von da an bis zum Erreichen des gewünschten Drehmomentes ein unterschiedlicher Kurvenverlauf.

Schraubfall IV, ohne Zwischenlage. Das Drehmoment steigt beim Eindrehen der selbstschneidenden Schraube zunächst stark an, bis die Schraube ihr Gegengewinde in das Blech geschnitten oder gedrückt hat. Dann fällt die Drehmomentkurve ab und steigt erst wieder an, wenn der Schraubenkopf zur Anlage kommt.

Schraubfall V. Die Drehmomentkurve der selbstsichernden Mutter (z. B. nach DIN 985) steigt zunächst steil an, um dann, wenn die Sicherungseinlage der Mutter auf der ganzen Länge trägt, flacher zu verlaufen. Erst bei Anlage der Mutter am Werkstück steigt das Drehmoment an. Kurve *A* zeigt den Drehmomentanstieg bei weicher Zwischenlage, Kurve *B* zeigt den Drehmomentanstieg ohne Zwischenlage.

Schraubfall VI. Die Holzschraube läßt sich anfänglich mit niedrigem Drehmoment einschrauben. Das Drehmoment steigt, sobald der Schraubenkopf am Werkstück anliegt.

Wie oben bereits erwähnt, werden Drehschrauber in verschiedenen Ausführungen hergestellt, z. B. als sog. gerade Schrauber oder als Schrauber mit Pistolengriff. Der Einschalthebel kann entweder als Taste oder als Druckknopf ausgebildet sein. Eine Tastenbetätigung ist grundsätzlich zu bevorzugen, da diese bei den Bedienungsleuten weniger Fingerverletzungen infolge Überbeanspruchung verursacht als eine

Schraubfall	Direktantrieb	Doppelte Rutschkupplung	Trennkupplung
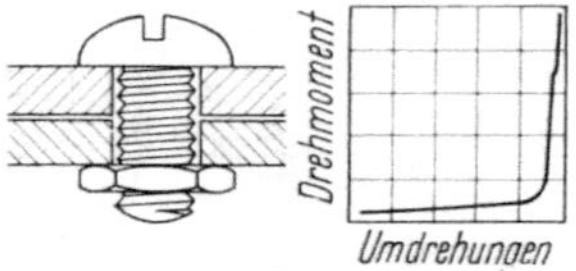 I. freilaufend, plötzlich gebremst	gut	gut, wenn Drehmoment-Toleranz groß ist	sehr gut
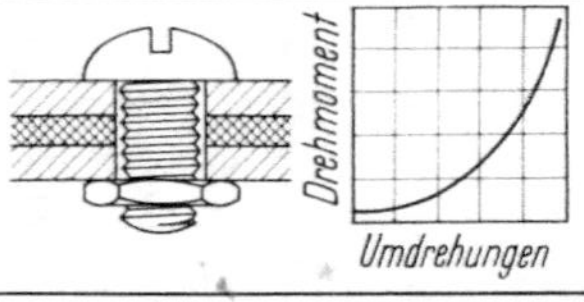 II. weiches Anziehen	gut für mittlere und große Schrauben und Muttern	gut für kleine Schrauben und Muttern. Besser für größere Abmessungen	sehr gut
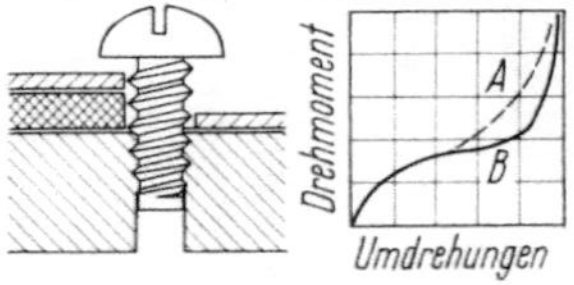 III. selbstschneidend (dickes Material)	nicht brauchbar, wenn Drehmoment geringer als Schneidmoment	gut für kleine und mittlere Schrauben, wenn Drehmoment größer als Schneidmoment	nicht brauchbar, wenn Schneidmoment größer als Drehmoment
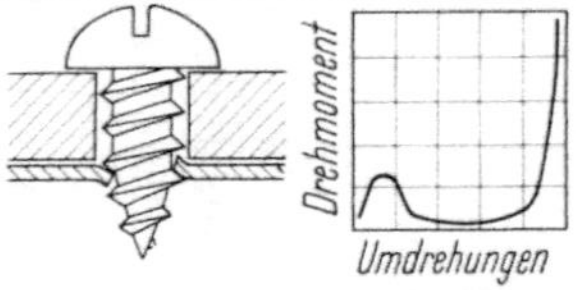 IV. selbstschneidend (Bleche)	nicht brauchbar, wenn Drehmoment geringer als Schneidmoment	gut für alle Größen, wenn Drehmoment größer als Schneidmoment	nicht brauchbar, wenn Schneidmoment größer als Drehmoment
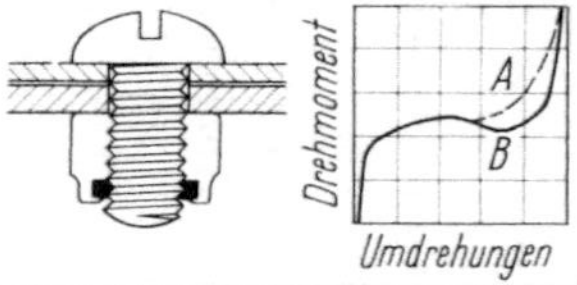 V. selbstsichernde Muttern	gut für mittlere und große Muttern	gut für alle Größen, wenn Drehmoment-Toleranz groß ist	gut
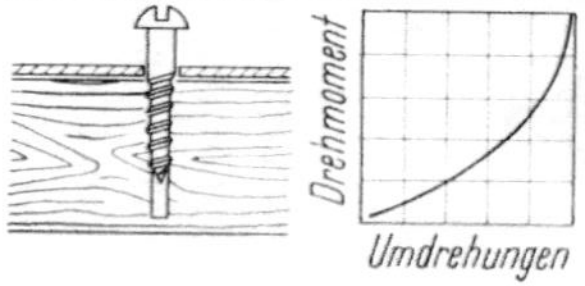 VI. Holzschrauben	gut	gut	gut

Bild 2.35. Verschiedene Schraubfälle.

Druckknopfbetätigung. Zumindest ist jedoch bei der Beurteilung bzw. Auswahl eines Werkzeuges darauf zu achten, daß, wenn dieses mit einer Druckknopfbetätigung ausgerüstet ist, der Druckknopf mit einer großen Auflagefläche für den Einschaltfinger des Bedienungsmannes versehen ist.

Die Angaben über die Ausbildung der Einschalthebel von Schraubern gelten sinngemäß auch für die Einschalthebel anderer Druckluftwerkzeuge.

Eine weitere Schrauberausführung ist der sog. Winkelschrauber, ein Werkzeug, das mit demselben Druckluftlamellenmotor ausgestattet ist, wie der gerade Schrauber. Die Werkzeugspindel ist jedoch abgewinkelt und ermöglicht infolge kleiner Baumaße ein Schraubenanziehen oder -lösen an schwerzugänglichen Stellen eines Werkstückes. Der Winkel-

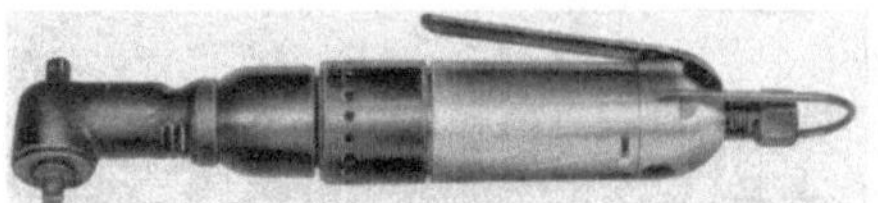

Bild 2.36. Winkelschrauber mit doppelseitiger Werkzeugspindel.

kopf kann so klein gehalten werden, daß z. B. eine Drehmomentübertragung von 3,5 mkp mit einem Werkzeug von nur 35 mm Winkelkopfhöhe möglich ist.

Winkelschrauber werden auch mit doppelseitig aus dem Kopfstück austretender Werkzeugspindel gebaut (Bild 2.36). Doppelseitige Spindeln

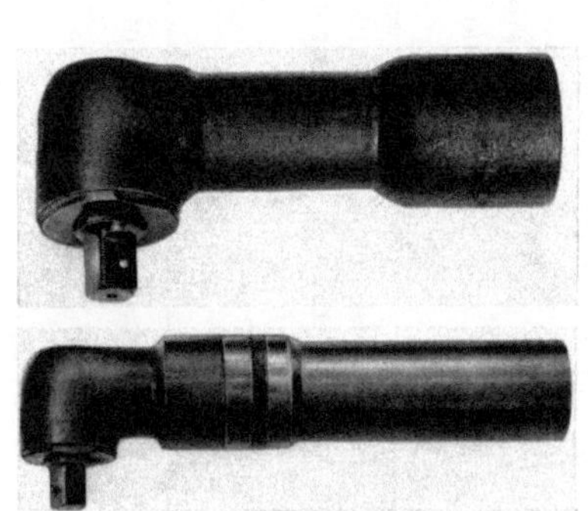

Bild 2.37. Winkelköpfe.

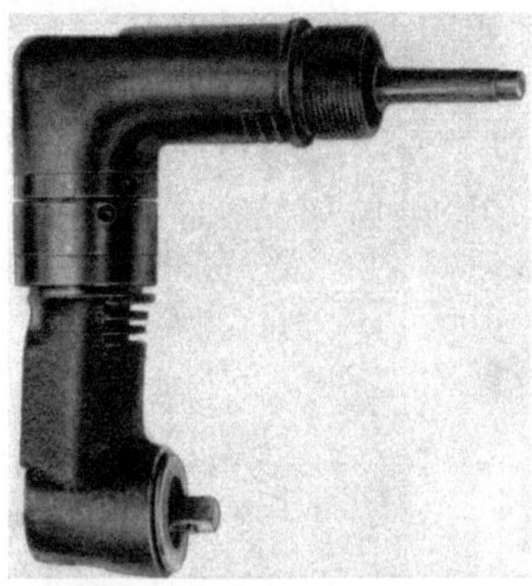

Bild 2.38. Eckenschrauberkopfstück.

ermöglichen ohne zusätzlichen Umschaltmechanismus für die Drehrichtung das Anziehen und Lösen von Schrauben oder Muttern bzw. das Anziehen von Schrauben oder Muttern mit Rechts- und Linksgewinde. Bild 2.37 zeigt verschieden ausgebildete Winkelköpfe. Es werden jedoch nicht nur Winkelschrauber mit 90 Grad abgewinkelter Spindel gebaut, sondern auch solche mit Winkelstücken, die unter 25 oder 45 Grad abgewinkelt sind. Ein sog. Eckenschrauberkopfstück ist auf Bild 2.38 gezeigt.

Bei Winkelschraubern erfolgt der Antrieb der Werkzeugabtriebs-
spindel entweder durch Kegelräder oder durch Schneckentrieb.

Auf Bild 2.39 ist ein Winkelschrauber gezeigt, der speziell für das
Anziehen von verchromten Muttern entwickelt wurde. Bei Einsatz derart
oberflächenbehandelter Fügemittel ist darauf zu achten, daß keine

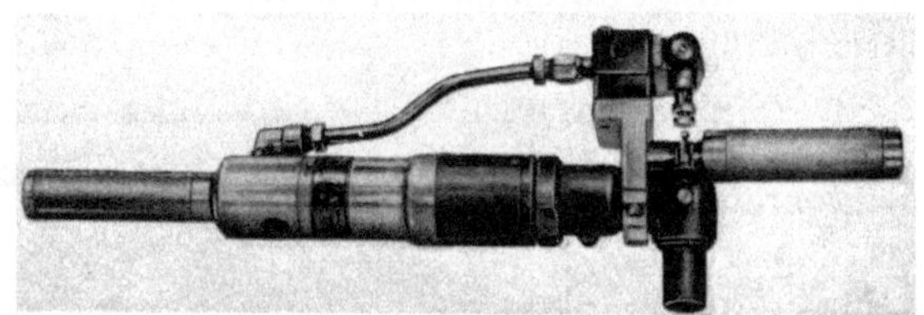

Bild 2.39. Winkelschrauber zum Anziehen verchromter Muttern.

Beschädigungen der Mutterschlüsselflächen durch das Werkzeug verursacht werden. Aus diesem Grunde wurde an dem Schrauber (Bild 2.39)
eine zusätzliche Luftsteuerung angebracht. Erst wenn die anzuschrau-
bende Mutter ganz in dem Werkzeugeinsatz steckt, wird durch die Mutter
ein im Winkelkopf angeordneter Stößel betätigt, der die Luftzufuhr
freigibt. Diese Konstruktion gewährleistet ein Anziehen von Muttern
ohne Beschädigung der verchromten Flächen.

Winkelschrauber werden meist mit Direktantrieb gebaut. Durch das
am langen Hebelarm befestigte Griffstück ist es möglich, auch Reaktionsmomente über 5 mkp von Hand aufzunehmen. Es werden jedoch auch
Winkelschrauberkonstruktionen angeboten, bei denen das Griffstück
um einen Drehpunkt schwenkbar gelagert ist. Bei Erreichen des Drehmomentes macht der Schrauber eine kleine Schwenkbewegung um den
Drehpunkt, während der Bedienungsmann das Griffstück fest in der Hand behält. Durch diese Schwenkbewegung wird über einen Schaltmechanismus die Zufuhr der Druckluft gesperrt,

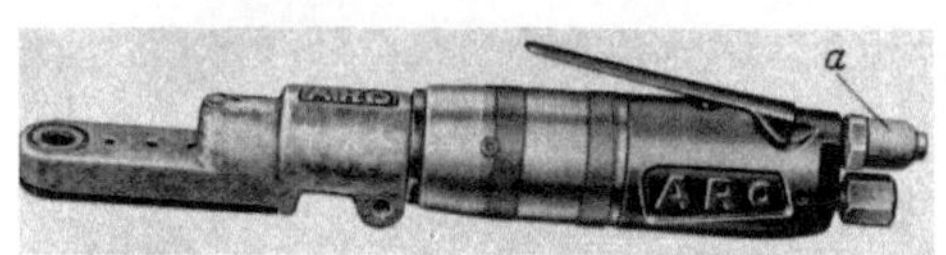

Bild 2.40. Winkelschrauber mit flachem Kopfstück.
a Sinterbüchse zur Dämpfung des Abluftgeräusches.

so daß das Reaktionsmoment für den Bedienungsmann kaum spürbar
wird. Das Drehmoment kann durch eine Einstellschraube, die auf das
Schaltgestänge wirkt, eingestellt werden.

Ein Winkelschrauber mit besonders flachem Kopfstück für Arbeiten
an schwerzugänglichen Stellen ist auf Bild 2.40 gezeigt.

Ein häufig verwendetes Werkzeug ist der Ratschenschrauber
(Bild 2.41). Dieser eignet sich besonders zum Verschrauben von Rohr-
leitungen, z. B. Kfz-Bremsleitungen, Kraftstoffleitungen u. dgl. Der
Ratschenschrauber ist mit einem offenen Kopfstück ausgerüstet, in dem

ein ebenfalls offener Werkzeugeinsatz durch Stößelbewegung gedreht wird. Der Werkzeugeinsatz kann bei Erreichen des Drehmomentes durch eine Schiebersteuerung in der Stellung „offen" abgebremst werden, so daß ein Abziehen des Schraubers von den Rohrverschraubungen möglich ist. Der Ratschenschrauber sollte nur da eingesetzt werden, wo z. B. aus Platzgründen kein Druckluftwerkzeug normaler Bauform verwendet werden kann, da er, bedingt durch das offene Kopfstück und die Stößeleinrichtung störanfälliger ist als z. B. ein gerader Schrauber.

2.512 Schlagschrauber. Schlagschrauber werden zum Lösen besonders festsitzender Schrauben und Muttern verwendet. Sie sind daher in großer Zahl z. B. in Reparaturbetrieben anzutreffen. Aber auch zum Anziehen von Schrauben und Muttern werden Schlagschrauber immer häufiger eingesetzt.

Bild 2.41. Ratschenschrauber.

Die Entwicklung des Schlagschraubers führte über den Drucklufthammer mit aufgesetztem Schlagschlüssel (Bild 2.42) zum Schlagschrauber mit Lamellenmotor (Bild 2.43). Schlagschrauber mit Druckluftlamellenmotor arbeiten mit einer so hohen Drehzahl und demzufolge

Bild 2.42. Schlagschlüsselaufsatz.

Bild 2.43. Schlagschrauber mit Druckluftlamellenmotor.

auch hohen Schlagzahl, daß der Bedienungsmann selbst hohe Drehmomente nur als Vibration spürt und demzufolge keine Reaktionskräfte aufzunehmen hat. Eine Unfallgefahr besteht somit beim Einsatz von Schlagschraubern nicht. Aus diesem Grunde werden Schlagschrauber auch immer häufiger — wie bereits oben ausgeführt — zum Anziehen von Schrauben und Muttern eingesetzt.

Der Antrieb erfolgt bei den heute zur Auswahl stehenden Schlag-
schrauberkonstruktionen ausschließlich durch Druckluftlamellenmotor.
Die Schlagwerke weichen je nach Fabrikat in ihrer Ausführung vonein-
ander ab. Das wohl am meisten verwendete Schlagwerk (Bild 2.44) ist
folgendermaßen konstruiert: Die Werkzeugspindel ist zweiteilig ausgeführt. Sie besteht aus einer Antriebsspindel *a* und einer Abtriebsspindel *b*. Die aufeinanderstoßenden Spindelenden sind mit zwei Klauen-
stücken, *c* und *d*, versehen. Die Antriebsspindel *a* ist axial verschiebbar

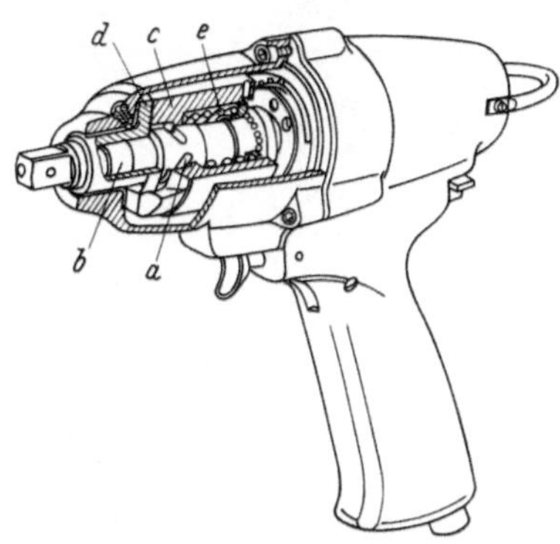

Bild 2.44. Schlagwerk eines
Schlagschraubers.
a Antriebsspindel; *b* Abtriebsspindel;
c und *d* Klauenstücke; *e* Feder.

angeordnet und federbelastet. Bei
Einschalten des Schraubermotors
läuft die Antriebsspindel an und
nimmt mit ihren Klauen die Abtriebsspindel mit. Wird die Abtriebsspindel abgebremst, wie es z. B. beim
Schraubenanziehen der Fall ist, so
wird die Antriebsspindel ebenfalls
gebremst. Das Antriebsspindelklauen-
stück verschiebt sich axial gegen die
Feder *e*, und zwar so weit, bis die
Klauen außer Eingriff kommen und
die Antriebsklauen *c* über die still-
stehenden Abtriebsklauen *d* hinweg-
gleiten. In diesem Moment kann
der Schraubermotor die Antriebs-

spindel wieder beschleunigen, da von der Abtriebsspindel her keine
Bremskraft mehr auf die Antriebsspindel wirkt. Nach einer Drehbewegung der Antriebsspindel von etwa 80 bis 120 Winkelgraden werden
die Antriebsklauen durch die vorgespannte Feder in die zwischen den
Abtriebsklauen liegenden Freiräume gedrückt und schlagen mit ihren
Mitnehmerflächen gegen die Abtriebsklauen. Dieser Schlag wird über
die Abtriebsspindel auf die anzuziehende Schraube oder Mutter übertragen. Die Schlagzahl eines Schlagschraubers ist je nach Werkzeuggröße und -konstruktion verschieden. Sie beträgt im Mittel 2000 Schläge
pro Minute. Da mit jedem Schlag das Anzugsmoment geringfügig
gesteigert wird, ist bei einem Schlagschrauber das Drehmoment eine
Funktion der Schrauberlaufzeit. Aus diesem Grund ergibt sich beim
Anziehen von Schrauben oder Muttern mit Hilfe eines Schlagschraubers
ein großer Drehmomentstreubereich.

Den Schrauberherstellern ist es gelungen, durch nachstehend beschriebene Zusatzeinrichtungen, wie

Zeitrelais,	hydraulische Steuerung,

Schwingstab,	Winkelgradanzug,	Drehstab,

den Drehmomentstreubereich zu verringern.

So hat das Zeitrelais die Aufgabe, nach einer bestimmten Schlagzeit, die voreinstellbar ist, die Druckluftzufuhr zum Schlagschrauber zu sperren.

Der Schwingstab wird zwischen das Schrauberspindelende und den Werkzeugeinsatz gesteckt. Das Erreichen des gewünschten Drehmoments zeigt der Schwingstab dem Bedienungsmann durch starke Schwingungen an, worauf der Bedienungsmann unverzüglich die Druckluftzufuhr sperren muß. Nachteilig ist, daß der Schwingstab, da er nicht einstellbar ist, für das jeweils geforderte Drehmoment hergestellt werden muß. Ein weiterer Nachteil ist, daß das Abschalten des Werkzeuges letztlich dem Bedienungsmann überlassen bleibt.

Der Drehstab a wird fest mit dem Werkzeug verbunden und dem geforderten Drehmoment entsprechend vorgespannt (Bild 2.45). Mit

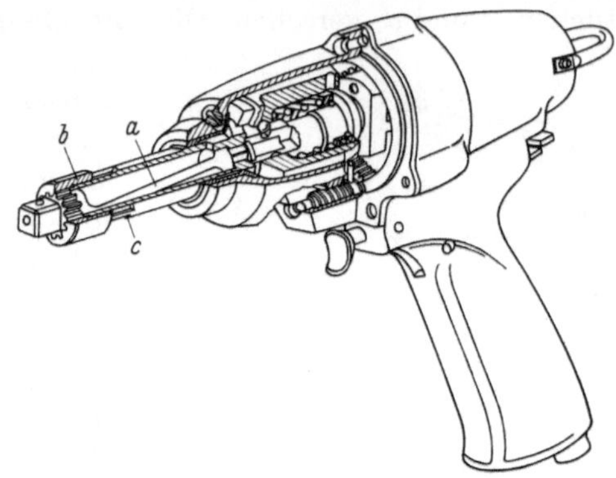

Bild 2.45. Schlagschrauber mit Drehstab. a Drehstab; b Schiebemuffe; c außenverzahnte Büchse.

Hilfe einer verzahnten Schiebemuffe b wird der vorgespannte Drehstab gegen eine außenverzahnte Büchse c vor Entspannung gesichert. Erreicht der Schrauber das Drehmoment, wird über den vorgespannten Drehstab ein Hebelgestänge betätigt, das die Luftzufuhr sperrt.

Die hydraulische Steuerung (Bild 2.46) besteht aus einem Zylinder a, in dem ein Kolben b axial verschiebbar angeordnet ist. An dem Kolben b

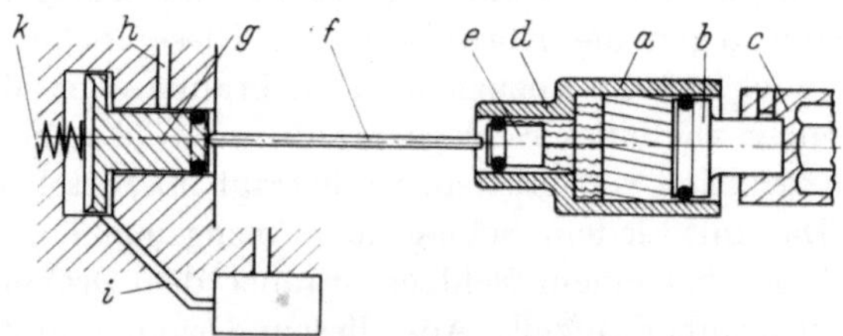

Bild 2.46. Hydraulische Steuerung.
a Zylinder; b Kolben; c Werkzeugeinsatz; d Zylinderhals; e Kolben; f Stößelstange; g Ventil; h Überströmkanal; i Steuerkanal; k Feder.

ist der Werkzeugeinsatz c befestigt. Der Zylinder a ist innen mit einer Schrägverzahnung versehen, in der der am Außendurchmesser schrägverzahnte Kolben b gleiten kann. Der Zylinder a ist mit Hydrauliköl gefüllt. Bei Erreichen des geforderten Drehmomentes verschiebt sich der

Kolben *b* in dem Zylinder *a*. Das Hydrauliköl wird in den Zylinderhals *d* gedrückt, in dem ein zweiter, im Durchmesser kleinerer Kolben *e* angeordnet ist. Dieser Kolben *e* betätigt eine Stößelstange *f*, die wiederum ein federbelastetes Überströmventil *g* bewegt. Dieses Ventil *g* gibt einen Überströmkanal *h* frei, so daß Druckluft in einen Steuerkanal *i* gelangt. Die Druckluft schließt die Auslaßöffnungen für die Abluft. Auf diese Weise wird der Lamellenmotor zum Stillstand gebracht. Die Einstellung des Drehmomentes erfolgt durch Vorspannung der Feder *k* des Überströmventils *g*.

Der Schlagschrauber mit Winkelgradanzug zieht die Schraube bzw. Mutter zunächst vor, z. B. auf etwa 20 % des geforderten Enddrehmomentes. Durch Versuche wird ermittelt, wieviel Winkelgrade die Schraube oder Mutter gedreht werden muß, um von dem ersten Drehmomentwert aus das Enddrehmoment zu erreichen. Dieser Winkelbereich ist an dem Schrauber einstellbar. Das Schrauben- oder Mutternanziehen geht dann wie folgt vor sich. Anziehen auf die Vorstufe, dann umschalten und nachziehen, d. h. Drehbewegung der Abtriebsspindel um den ermittelten Winkel, so daß das geforderte Enddrehmoment erreicht wird.

Für den Einsatz eines Schlagschraubers mit Winkelgradanzug ist es zweckmäßig, die gewünschte Schraubenvorspannung nicht über das Drehmoment in mkp anzugeben, sondern in Winkelgraden.

2.513 Mehrspindelschrauber. Wie vor Jahren in der spangebenden Fertigung hat sich auch in jüngster Zeit das „Mehrspindeligdenken" in den Montagebetrieben durchgesetzt. Um Fügearbeiten wirtschaftlicher zu gestalten, wurden Mehrspindelschrauber entwickelt, mit denen es möglich ist, mehrere Schrauben oder Muttern in einem Arbeitsgang anzuziehen oder zu lösen. Mehrspindelschrauber werden — wie der Name sagt — aus mehreren Einspindelschraubern zusammengesetzt. Der Spindelabstand wird dem Lochbild des Werkstückes entsprechend mit Hilfe von Lochplatten fixiert (Bild 2.47).

Für Mehrspindelschrauber werden sowohl Drehschrauber als auch Schlagschrauber verwendet. Die bereits im Abschnitt 2.511 erwähnten, wegen Unfallgefahr begrenzten Anwendungsmöglichkeiten von Drehschraubern gelten nicht für Mehrspindelschrauber, da bei diesen die eine Werkzeugspindel gewissermaßen das Reaktionsmoment der anderen aufnimmt, so daß für den Bedienungsmann kein Reaktionsmoment spürbar wird. Meist werden für Mehrspindelschrauber zum Anziehen von Schrauben und Muttern Drehschrauber mit Direktantrieb verwendet. Die Drehmomenteinstellung erfolgt auch hier durch Drosselung der in das Werkzeug einströmenden Druckluft. Zur Geräuschminderung und zur Vermeidung von Belästigung durch Abluft werden Mehrspindelschrauber mit einer Verkleidung umgeben (Bild 2.48), die mit Isoliermaterial, wie z. B. Schaumgummi versehen wird.

Die einzelnen Drehschrauber bzw. Schlagschrauber werden in den Lochplatten mit Hilfe weniger Schrauben befestigt, so daß im Reparaturfalle ein schnelles Lösen und Austauschen des defekten Schraubers unmittelbar an der Einsatzstelle möglich ist.

In der Automobilindustrie sind heute bereits Mehrspindelschrauber mit 25 und mehr Spindeln im Einsatz.

Die Spindeln können in sehr engen Abständen zueinander angeordnet werden, da die Druckluftwerkzeughersteller für diese Fälle Schrauber

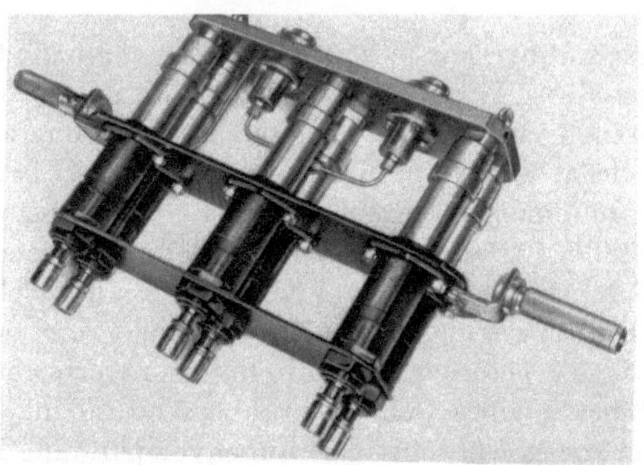

Bild 2.47. 6-Spindel-Schrauber, ohne Verkleidung.

mit abgesetzten Spindeln (Bild 2.49) entwickelt haben. Je nach Verwendungszweck können die einzelnen Schrauberspindeln unterschiedlich gesteuert werden. So kann es erforderlich sein, alle Spindeln zu gleicher Zeit laufen zu lassen oder aber auch mit Hilfe einer Folgesteuerung die Motoren der einzelnen Spindeln hintereinander einzuschalten. Letzteres

Bild 2.48. 8-Spindel-Schrauber mit Verkleidung.

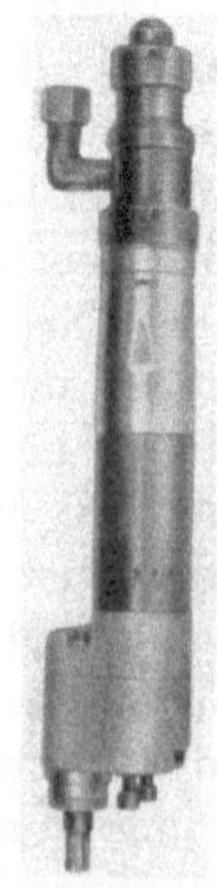

Bild 2.49. Abgesetzte Spindel.

kann dann notwendig sein, wenn die inneren Schrauben eines Werkstückes, z. B. eines Zylinderkopfes, erst angezogen werden müssen, bevor die äußeren Schrauben angezogen werden.

Fast alle Mehrspindelschrauber werden mit axial verschiebbaren federbelasteten Werkzeugeinsätzen ausgerüstet.

Diese axiale Verschiebemöglichkeit, die zwischen 20 und 25 mm betragen soll, ermöglicht dem Werkzeugeinsatz ein schnelles Finden der anzuziehenden Schraube oder Mutter. Wenn ein Mehrspindelschrauber an ein zu verschraubendes Werkstück herangeführt wird, kann es vorkommen, daß einige Werkzeugeinsätze die betreffende Schraube fassen, während andere nicht sofort einrasten und demzufolge bei den ersten Drehbewegungen der Schrauberspindeln die Schraubenköpfe beschädigen. Durch die axiale Verschiebbarkeit der einzelnen Werkzeugeinsätze wird eine Schraubenkopfbeschädigung vermieden.

In vielen Fällen sind die an einem Werkstück anzuziehenden Schrauben oder Muttern nicht auf gleicher Höhe angeordnet. Falls diese Höhenunterschiede mehr als 15 mm betragen, reicht die axiale Verschiebbarkeit von 20 bis 25 mm nicht mehr aus, um die Höhendifferenz auszugleichen. In diesen Fällen müssen die Werkzeugspindeln in unterschiedlichen Längen ausgeführt werden. Eine andere Möglichkeit, die Höhenunterschiede auszugleichen, besteht darin, die einzelnen Schrauber versetzt zueinander anzuordnen.

Die zum Einbau in Mehrspindelschraubern kommenden Dreh- und Schlagschrauber müssen so konstruiert sein, daß die Spindeln und Lager hohe Axial- und Radialkräfte aufnehmen können. Diese Forderung gilt besonders für schwere und vielspindelige Werkzeuge. Im Betrieb kann es nämlich vorkommen, daß ein Teil des Mehrspindelschraubergewichtes von nur einigen wenigen Spindeln aufgenommen werden muß. Dieser Fall tritt vor allem dann ein, wenn der Schrauber an einem Drucklufthebezeug (s. Abschn. 8.6) befestigt ist, und der Bedienungsmann den Schrauber unachtsam auf das Werkstück absenkt. Ferner kann es vorkommen, daß der Schrauber durch unsachgemäßes Führen an das Werkstück anschlägt, wodurch ebenfalls Spindelbeschädigungen hervorgerufen werden können.

Wie oben bereits erwähnt, erfolgt die Drehmomenteinstellung bei Mehrspindelwerkzeugen durch Drosselung der Druckluft, vorausgesetzt, daß keine zusätzlichen Rutschkupplungen u. dgl. eingebaut sind. Eine zusätzliche Drehmomentfeineinstellung an jeder einzelnen Spindel kann ebenfalls durch Luftdrosselung vorgenommen werden. Trotzdem sind die Streuungen der einzelnen Spindeldrehmomente oftmals beträchtlich. Der Grund hierfür liegt u. a. in den unterschiedlichen Leerlaufeinschraubgeschwindigkeiten der einzelnen Spindeln. Diese Geschwindigkeitsunterschiede wiederum entstehen durch unterschiedliche Reibwerte der

einzelnen Gewindebohrungen und der Schrauben bzw. Muttern. Da die
Drehzahl der Druckluftlamellenmotoren bei Belastung stark abfällt,
ergeben sich bei unterschiedlichen Gewindereibwerten auch unterschiedliche Drehzahlen. Da das erreichbare Drehmoment wiederum von dem
Schwungmoment der rotierenden Massen abhängig ist, ergibt sich ebenfalls eine Abhängigkeit des Drehmomentes von der Spindelleerlauf-
drehzahl. Hierin liegt bereits die Ursache für Drehmomentstreuungen
zwischen den einzelnen Schrauberspindeln. Eine weitere Fehlerquelle liegt
in dem zeitlich unterschiedlichen Finden und Mitnehmen der jeweiligen
Schraube oder Mutter durch die betreffende Werkzeugspindel. Die
Schraube, die als erste zur Anlage kommt, wird nicht mit dem erforderlichen Drehmoment angezogen, da zu dieser Zeit noch die anderen
Schrauberspindeln laufen und sich infolgedessen kein Druck aufbauen
kann.

Um den Drehmomenttoleranzbereich zu verkleinern, wurde das sog.
Zwei-Stufen-Anziehverfahren entwickelt. Nach diesem Verfahren werden
die betreffenden Schrauben bzw. Muttern mit einem Drehmoment, das
etwa 20% des verlangten Enddrehmomentes beträgt, an dem jeweiligen
Werkstück zur Anlage gebracht. Durch Umschalten eines Steuerventils
wird von der sog. Niederdruckstufe auf die Hochdruckstufe umgeschaltet,
die die Schrauben bzw. Muttern auf das Enddrehmoment anzieht. Die
Steuerung des Schraubers ist so konstruiert, daß die Hochdruckstufe
nur dann eingeschaltet werden kann, wenn alle Werkzeugeinsätze die
Schraubenköpfe bzw. Muttern gefaßt haben. Erforderlichenfalls kann
der Bedienungsmann die Niederdruckstufe nochmals einschalten, damit
ein sicheres Aufsitzen der Werkzeugeinsätze gewährleistet und die Frei-
gabe der Hochdruckstufe möglich ist. Der Steuerungsablauf ist erst
dann beendet, wenn alle Schrauberspindeln das Enddrehmoment erreicht haben.

Das Zwei-Stufen-Anziehverfahren verringert die Drehmoment-
streuung dadurch, daß die bei einem Mehrspindelschrauber zwischen
den einzelnen Drehschraubern auftretende unterschiedliche kinetische
Energie der Antriebsteile weitgehendst ausgeschaltet wird. Dies geschieht durch das Vorziehen und das durch eine geringe Drehbewegung
aus dem Spindelstillstand heraus erfolgende Nachziehen.

Durch das Vorziehen der Schrauben bzw. Muttern hat das zu ver-
schraubende Werkstück die Möglichkeit, sich, wie es in der Fachsprache
heißt, zu setzen. Dadurch ist der Drehmomentabfall nach Erreichen des
Enddrehmomentes sehr gering im Vergleich zu dem herkömmlichen
Ein-Stufen-Anziehverfahren.

Da die Schraube bzw. Mutter beim Anziehen auf das Enddrehmoment
nur geringfügig gedreht wird, so daß keine Fliehkräfte auf die Lamellen

des Lamellenmotors wirken können, müssen die Lamellen von der Druckluft rückseitig beaufschlagt werden, damit eine genügende Abdichtung zwischen Zylinderwandung und Lamellenkante erreicht wird. Es gibt auch Konstruktionen, die anstelle einer rückseitigen Lamellenbeaufschlagung eine kleine Blattfeder verwenden, die die Aufgabe hat, die Lamelle an die Zylinderwand zu drücken (s. Abschn. 2.11).

Außer dem Zwei-Stufen-Anziehverfahren findet für Mehrspindelschrauber in der Praxis noch ein weiteres Verfahren Anwendung, das u. a. dem Schrauberbedienungsmann die Möglichkeit gibt, durch Kontrollampenbeobachtung festzustellen, ob jede der Schrauberspindeln das vorgeschriebene Drehmoment erreicht hat.

Die einzelnen Schrauber sind bei dieser Konstruktion in den Lochplatten drehbar angeordnet. Beim Schraubenanzug versetzt die Reaktionskraft den jeweiligen Schrauber in zur Spindeldrehrichtung gegenläufige Drehbewegung. Diese Drehbewegung wird durch einen parallel zum Schrauber angeordneten Drehstab abgebremst. Schrauber und Drehstab sind durch ein Zahnradpaar miteinander verbunden. Die infolge des Abbremsens durch den Drehstab nur geringfügige Reaktionsbewegung des Schraubers wird über einen Hebel auf einen Schalter übertragen. Dieser Schalter wiederum bringt eine Kontrollampe zum Aufleuchten. Für jede Schrauberspindel ist eine Kontrollampe vorgesehen. Da der Übertragungshebel einstellbar ist, kann eine schnelle Einstellung der Drehmomentkontrolle erfolgen.

Eine häufig im Zusammenhang mit Mehrspindelschraubern auftauchende Frage ist die nach der erreichbaren Drehmomenttoleranz bzw. nach der Genauigkeit des Schraubenanzuges. Von den Schrauberherstellern werden oftmals Toleranzen angegeben, die sich in der Praxis aus nachstehenden Gründen nicht erreichen lassen:

Die mit Mehrspindelschraubern erreichbaren Genauigkeiten sind nicht nur von der Qualität des verwendeten Schraubers abhängig, sondern u. a. auch, wie bereits z. T. oben ausgeführt, von den Druckluftverhältnissen, von der Beschaffenheit der Gewinde im Werkstück, von der Beschaffenheit der Schrauben- bzw. Muttergewinde, von dem Zustand der Schrauben- bzw. Mutternoberflächen (geölt, verzinkt, phosphatiert, trocken), von der Rauhigkeit der Schraubenkopf- bzw. Mutteranlageflächen, vom Verschraubungsfall (weiche Zwischenlagen, Federringe usw.) und von der Beschaffenheit der Werkzeugeinsätze.

In einer Serienfertigung, z. B. am Fließband, lassen sich Drehmomenttoleranzen von $\pm\,10\,\%$ erreichen. Niedrigere Werte sind wegen der oben angeführten Faktoren nur schwerlich zu erzielen, es sei denn, es käme z. B. das beschriebene Zwei-Stufen-Anziehverfahren zur Anwendung.

2.52 Verdrahterwerkzeug

Elektrische Anschlüsse können entweder als Löt- oder Preßverbindungen hergestellt werden. Da die von Hand ausgeführten Lötverbindungen hohe Fertigungskosten verursachen, gewinnen Preßverbindungen immer mehr an Bedeutung. Ein Werkzeug zum Herstellen von Preßverbindungen — ein sog. Verdrahterwerkzeug — ist auf Bild 2.50 gezeigt.

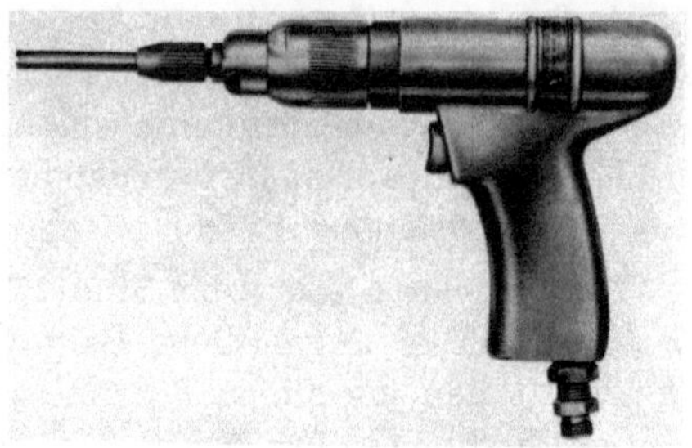

Bild 2.50. Verdrahterwerkzeug.

Es handelt sich um ein Druckluftwerkzeug, das äußerlich den gebräuchlichen Handbohrern gleicht. Die Arbeitsweise ist folgende:

Das blanke Ende des Drahtes wird in die Wickleröffnung geschoben und das Werkzeug wird eingeschaltet. Der Wickeleinsatz wickelt den Draht in einem engen Schraubengang um die Kontaktfahne (Bild 2.51). Im allgemeinen genügen sechs Windungen, um der Verbindung eine ausreichende mechanische Festigkeit zu geben. Die Zeit für das Umwickeln einer Kontaktfahne beträgt nur einige Sekunden.

Verdrahterwerkzeuge eignen sich zur Herstellung von Einzel- und Mehrfachverbindungen. Die Vorteile einer Preßverbindung gegenüber einer Lötverbindung sind:

Geringer Zeitaufwand,
Vermeiden fehlerhafter Anschlüsse, wie z. B. Kalt-
 lötstellen,
Möglichkeit, mehrere Verbindungen auf engstem
 Raum herzustellen, ohne Gefahr, eine bereits
 fertiggestellte Nachbarverbindung zu zer-
 stören,
Vermeiden von Materialsprödigkeit, wie sie durch
 Überhitzen beim Löten entsteht,
Materialkostensenkung, da kein Lot erforderlich,
Vermeiden von Verunreinigungen, wie sie durch
 Lotspritzer entstehen,
Ausschalten von Brandgefahr,
Erzielung hoher Festigkeitswerte, da durch die
 Anpreßkraft Einkerbungen an den Berührungs-
 stellen (Kontaktkanten) entstehen.

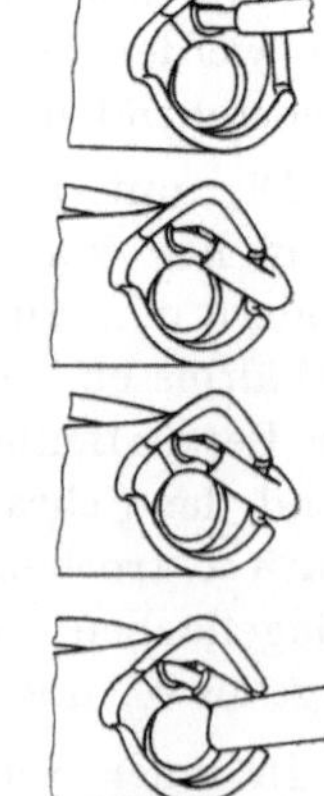

Bild 2.51
Wickelvorgang.

2.6 Werkzeuge für sonstige Bearbeitungsverfahren

2.61 Flockenwickler

Flockenwickler sind speziell für die Textilindustrie entwickelt worden.
An den Spinnereimaschinen setzt sich besonders an Wellen, Lagern, Spu-
lengestellen usw. Faserstaub ab. Dieser Faserstaub führt nach einiger Zeit
zu starken Verfilzungen, die nicht nur den einwandfreien Lauf der Maschine, sondern auch die Garnqualität beeinträchtigen. Die Beseitigung des Faserstaubes bei laufender Maschine von Hand ist wegen der
damit verbundenen Unfallgefahr unzulässig. Demzufolge ergeben
sich bei Reinigungsarbeiten oftmals lange Maschinenstillstandszeiten.

Der Flockenwickler (Bild 2.52) ermöglicht die Faserstaubbeseiti-
gung bei laufender Spinnmaschine. Er ist mit einem etwa 200 mm

Bild 2.52. Flockenwickler.

langen gehärteten Wickeldorn bestückt, der mit hoher Drehzahl, etwa
10000 U/min, läuft. Dieser wird in einer Spannzange aufgenommen.
Als Antrieb dient ein Lamellenmotor. Die Drehzahl des Dornes kann an
einer Einstellschraube eingestellt werden. Zu hohe Drehzahlen verursachen ein Wegschleudern der Fasern. Bei richtig gewählter Drehzahl
wickeln sich die Fasern um den Dorn herum, während zu niedrige Drehzahlen nicht ausreichen, um die Fasern mit dem Dorn aufzunehmen und
aufzuwickeln.

Die Austrittsöffnung für die Abluft ist rückseitig am Werkzeug angeordnet, um ein Wegblasen des Faserstaubes zu vermeiden. Der Faserstaub kann von Zeit zu Zeit leicht von dem konischen Wickeldorn ab-
gestreift werden. Der Wickeldorn ist schnell auswechselbar.

Der Flockenwickler wird mit Pistolengriff oder in gerader Ausführung
gebaut. Das Werkzeuggewicht beträgt mit eingebautem Wickeldorn
etwa 0,35 kg.

2.62 Sägen

2.621 Kreissäge. Die Kreissäge (Bild 2.53) besitzt einen Druckluftlamellenmotor, der über ein Stirnradgetriebe das Sägeblatt antreibt.
Aus Sicherheitsgründen ist der Einschalthebel zum Öffnen und Schließen
der Drucklufteinlaßöffnung in die Innenseite des Handgriffes gelegt.
Beim Loslassen des Schalthebels wird das sich drehende Sägeblatt sofort
stillgesetzt. Die Schnittiefe und der Schnittwinkel der Säge können durch

Versetzen von zwei Einstellschrauben schnell verändert werden. Das Sägeblatt ist mit einer Schutzvorrichtung umgeben. Das Sägeblatt kann schnell und leicht gewechselt werden.

2.622 Stichsäge. Die Stichsäge (Bild 2.54) wurde zur Bearbeitung von weichen Metallen, Holz und Kunststoffen entwickelt. Das Werkzeug ist infolge kleiner Baumasse handlich und ermöglicht ein Arbeiten an Geräten und Maschinen, an denen mit herkömmlichen Werkzeugen nur unter großen Schwierigkeiten gearbeitet werden kann.

Der Antrieb des Sägeblattes erfolgt von einem Druckluftlamel-

Bild 2.53. Kreissäge.

lenmotor aus über ein Zwischengetriebe. Die Hubgeschwindigkeit kann durch Druck auf einen Handschalter stufenlos geregelt werden. Die Abluft wird direkt auf das Sägeblatt gerichtet. Dies hat den Vorteil, daß kein zusätzliches Kühlmittel erforderlich ist und daß die anfallenden Sägespäne direkt fortgeblasen werden, so daß der Sägeschnitt gut erkennbar ist. Das Sägeblatt ist in dem Werkzeug so befestigt, daß es

Bild 2.54. Stichsäge.

leicht und schnell ausgewechselt werden kann. Die Stichsäge kann durch Einbau einer Feile auch zu Feilarbeiten benutzt werden. Die Hubzahl beträgt etwa 1500 Hübe/min bei einer Hublänge von 15 mm.

2.63 Bürstwerkzeug

Das Bürstwerkzeug (Bild 2.55) kann zum Entfernen von Zunder, Rost und Farbe, zum Putzen von Gußstücken, zum Säubern von Schweißnähten und zum Entgraten von Werkstücken verwendet· werden.

Der Antrieb der Werkzeugspindel erfolgt von einem Lamellenmotor aus über ein Zwischengetriebe. Als Einsteckwerkzeuge werden Drahtbürsten verwendet, die entweder als sog. Radialbürsten oder als Topfbürsten ausgebildet sind. Die Drehzahlen der Bürstwerkzeuge liegen je nach Konstruktion zwischen 4000 und 6000 U/min. Die Werkzeuge werden entweder

mit Spatengriffen oder mit zwei in einem Winkel von 90 bis 120 Grad
zueinander angeordneten Handgriffen ausgerüstet, von denen einer als
Drehgriff ausgebildet ist. In dem Drehgriff ist der Schaltmechanismus
zum Öffnen und Schließen der Drucklufteinlaßöffnung untergebracht.

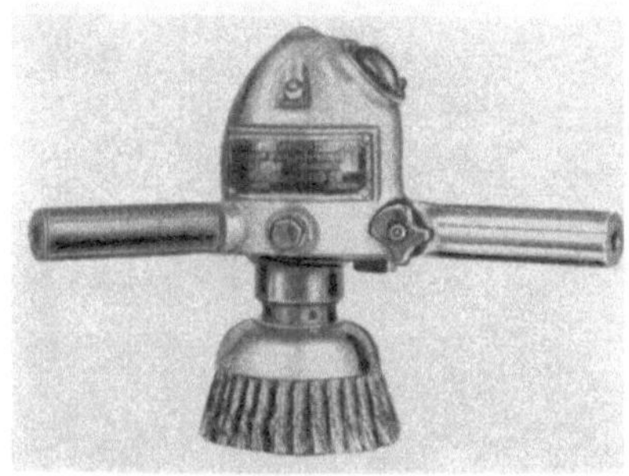

Bild 2.55. Bürstwerkzeug.

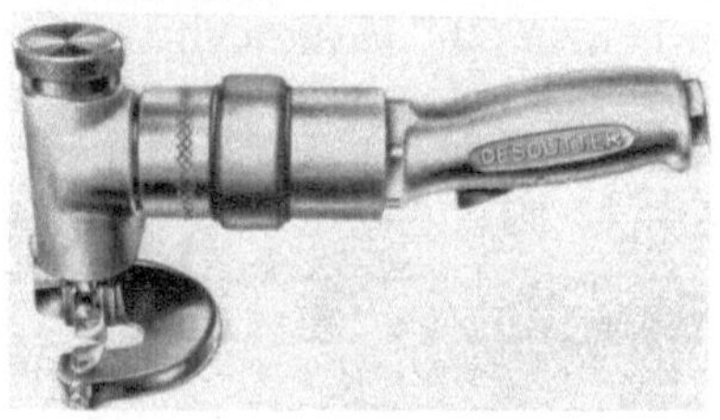

Bild 2.56. Schere.

2.64 Schere

Die Schere (Bild 2.56) wird von
einem Lamellenmotor angetrieben.
Die Drehbewegung des Rotors
wird über ein Zwischengetriebe auf
eine Welle übertragen, an der ein
Exzenter mit Stößel angeordnet ist.
Dieser Exzenter setzt die Drehbe-
wegung der Welle in eine Auf- und
Abwärtsbewegung des Stößels um.
An dem Exzenterstößel ist das
Schneidmesser befestigt, das in
Richtung auf das feststehende
Tischmesser bewegt wird. Die beiden
Messer sind leicht auswechselbar
und können mit Hilfe von Einstell-
schrauben auf den erforderlichen
Luftspalt, der von der Stärke des
zu schneidenden Bleches abhängt,
eingestellt werden.

2.65 Nibbler

Der Nibbler (Bild 2.57) besitzt ebenfalls einen Lamellenmotor. Die
Drehzahl des Rotors wird in einem Zwischengetriebe untersetzt. An der
Getriebewelle ist ein Exzenter mit Schneidstempel angebracht. Der

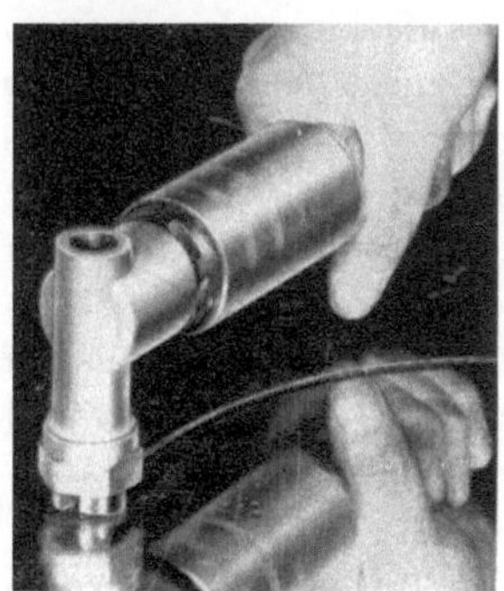

Bild 2.57. Nibbler.

Exzenter setzt die Drehbewegung der Getriebewelle in eine Auf- und Abwärtsbewegung des Schneidstempels um. Der
Schneidstempel gleitet in einer Matrize.

Der Nibbler eignet sich zum Schneiden
von Blechen nach Anriß und Schablone.
Zur Fertigung von Blechausschnitten
genügt zum Ansetzen des Nibblers ein auf
etwa 25 bis 30 mm Durchmesser gebohrtes
Loch. Der Nibbler erzeugt einwandfrei
gerade Schnittkanten. Das Werkstück wird
nicht verformt, so daß nach dem Schneiden

keine Richtarbeiten notwendig sind.
Die Vorschubgeschwindigkeit beträgt je nach Werkzeugkonstruktion
bis zu 3 m/min. Der kleinste Schnitt-
radius beträgt etwa 25 mm.

2.66 Rohrwalze

Zum Aufweiten und Einwalzen
von Rohren in Flansche u. dgl. eignet
sich die Rohrwalze (Bild 2.58). Das
Werkzeug wird von einem Lamellenmotor angetrieben. Die Drehrichtung
des Rotors ist umsteuerbar. Die
Drehzahl des Rotors wird durch ein
Zwischengetriebe untersetzt. Das
Einsteckwerkzeug zum Walzen ist

Bild 2.58. Rohrwalze.

leicht auswechselbar, so daß in kurzer Zeit hintereinander im Durchmesser
verschieden große Rohre gewalzt werden können. Je nach Konstruktion der Rohrwalze können Rohre von 12 bis 125 mm Durchmesser
aufgewalzt werden.

3 Schlagende Werkzeuge

3.1 Antrieb

Alle schlagenden Werkzeuge besitzen einen in der Konstruktion
gleichen Antrieb: Ein Hohlzylinder, in dem ein frei fliegender Kolben
eingepaßt ist. Der Kolben wird von Druckluft beaufschlagt. Im Inneren
des Zylinders wird die potentielle Energie der Druckluft in kinetische
Energie des Kolbens umgewandelt. Die kinetische Energie wirkt als
Druck auf das Einsteckwerkzeug. Die Steuerung der Druckluft erfolgt
meist mit Hilfe von Flatterventilen, Kolbenventilen u. dgl., die im
Griffstück des Werkzeuges angeordnet sind. Der Kolben wird wechselseitig je nach Bewegungsrichtung beaufschlagt und fliegt zwischen
oberem und unterem Totpunkt hin und her. Je nach Konstruktion und
Verwendungszweck kann der Kolben direkt als Einsteckwerkzeug ausgebildet sein (z. B. bei Stampfern) oder aber er ist als Einzelteil ausgeführt und gibt wie oben angeführt seine Energie als Impuls an das
Einsteckwerkzeug ab (Meißel-, Niethämmer).

Auf eine Beschreibung der einzelnen Steuerungs- und Ventilkonstruktionen muß wegen der Vielzahl der Ausführungsarten in diesem Rahmen verzichtet werden. Der Hinweis auf einschlägige Literatur möge genügen [1].

3.2 Werkzeuge für Oberflächenbehandlung

3.21 Klopfer

Der Klopfer (Bild 3.01) wird zum Entfernen von Rost, alter Farbe, Zunder usw. eingesetzt. Das Werkzeug ermöglicht ein Reinigen des jeweiligen Werkstückes ohne Beschädigung der Werkstückoberfläche.

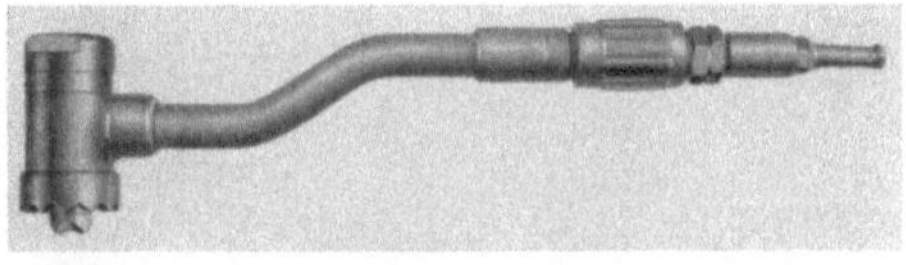

Bild 3.01. Klopfer.

Der hin- und hergehende Schlagkolben des Werkzeuges ist an seinem Austrittsende gezahnt. Je nach Werkzeugkonstruktion kann der Kolben bis zu 8000 Hübe je Minute ausführen. Die Hubzahl kann durch Drosselung der in das Werkzeug einströmenden Druckluft gewählt werden. Die Abluft wird durch gerichtete Auslaßschlitze auf das Werkstück gelenkt und bläst somit den losgeschlagenen Schmutz fort.

Bild 3.02. Entschlacker.

Der Klopfer wird auch häufig in Gießereien zum Entfernen von Kernsandrückständen verwendet.

Für Reinigungsarbeiten an besonders großflächigen Werkstücken werden Klopfer mit drei und mehr Schlagkolben eingesetzt.

3.22 Entschlacker

Das Werkzeug (Bild 3.02) wurde zum Entschlacken von Schweißnähten entwickelt. Je nach Zugänglichkeit der zu entschlackenden Schweißnaht kann ein entsprechend abgewinkeltes Einsteckwerkzeug verwendet werden. Das Einsteckwerkzeug wird durch einen federbelasteten Keil im unteren Teil des Entschlackers befestigt. Diese Befestigungsart gewährleistet ein unfallsicheres Arbeiten. Die Werkzeuge werden in verschiedenen Formen (Pistolengriff, gerade Ausführung) und mit unterschiedlichen Hublängen und Schlagzahlen gebaut. Durch Luftdrosselung kann die Schlagzahl verändert werden. Das eingebaute Drosselventil ist mit einer Skalierung versehen, die es ermöglicht, die einmal erprobte und festgelegte Schlagzahl immer wieder durch einen einfachen Handgriff einzustellen.

Die Abluft kann durch eine drehbar angeordnete Luftblende so gelenkt werden, daß sie in Richtung auf die zu reinigende Schweißnaht aus dem Werkzeug austritt und so die losgeschlagene Schweißschlacke fortbläst.

3.23 Nadelhammer

Der Nadelhammer (Bild 3.03) wurde für Reinigungsarbeiten, wie z. B. Entfernen von Rost, Farbe und Ölkohle, Beseitigung von Schweißschlacke und für Entzunderungen, entwickelt. Das Werkzeug gleicht in seiner Konstruktion einem leichten Niethammer. Als Werkzeugeinsatz

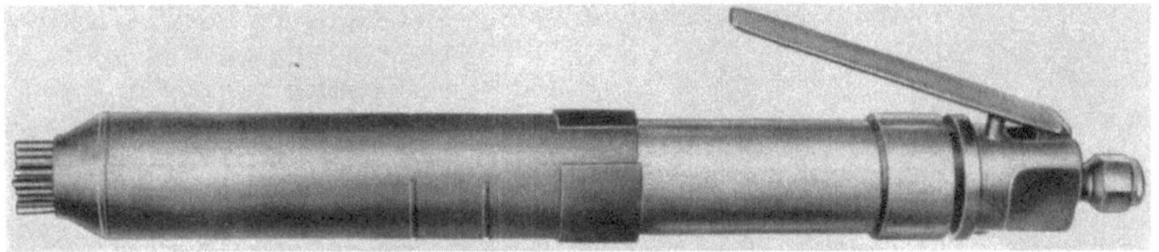

Bild 3.03. Nadelhammer.

wird ein aus etwa 20 gehärteten Drahtstäben bestehendes Nadelbündel verwendet. Die Drahtstäbe sind in einem gemeinsamen Halter so befestigt, daß sie sich der Form des zu bearbeitenden Werkstückes gut anpassen können. Die Schlagkraft kann durch Luftdrosselung eingestellt werden. Der Nadelhammer wird in zwei Größen und mit verschieden ausgebildeten Hammergriffen gebaut. Je nach Anwendungsfall können die Drahtstäbe so angeordnet werden, daß sie ein im Querschnitt kreisförmiges oder rechteckiges Bündel bilden.

3.24 Gravierstift

Der Gravierstift (Bild 3.04) eignet sich für Beschriftungsarbeiten an Werkstücken. Es können fast alle Materialien, sogar gehärteter Stahl, beschriftet werden. Bei dem Werkzeug handelt es sich um einen Drucklufthammer, der mit sehr hoher Schlagzahl arbeitet. Als Werkzeugeinsatz dient

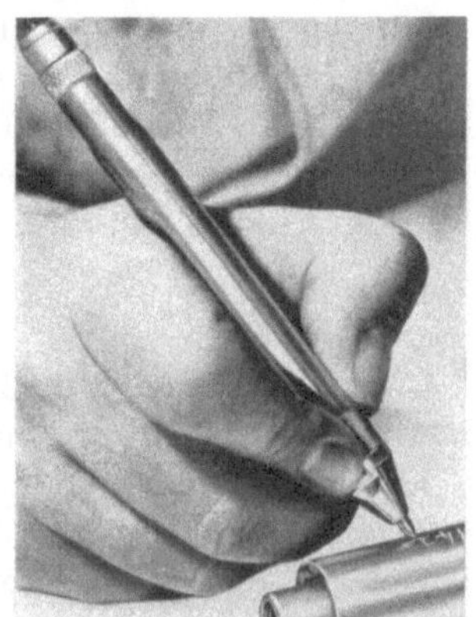

Bild 3.04. Gravierstift.

eine Hartmetallspitze. Die Schrifttiefe ist durch Drosselung der Druckluft einstellbar. Das Werkzeug ist leicht und handlich und kann daher beim Graviervorgang wie ein Federhalter gehalten werden. Der Bedienungsmann nimmt die einzelnen Schläge des Hammerwerkes nur als leichte Vibration wahr.

3.3 Werkzeuge für Fügearbeiten

3.31 Niethammer

Der Niethammer (Bild 3.05) ist für leichte Nietarbeiten, wie sie z. B. im Flugzeugbau vorkommen, bestimmt.

Die Druckluft strömt bei Betätigen des Ventils a durch die Einlaßöffnung b in das Werkzeug ein. Die Luft kann an der Einstellschraube c gedrosselt werden. Die Steuerung der Druckluft erfolgt durch die Büchse d. Der Kolben e ist frei fliegend in den Zylinder f eingepaßt und trifft im Abwärtshub mit seiner Stirnfläche auf das Einsteckwerkzeug g auf. Das Einsteckwerkzeug g ist durch die Rückholfeder h vor dem Herausfallen gesichert. Die Rückholfeder h gewährleistet somit ein im Vergleich zu den Niethammerkonstruktionen früherer Jahre unfallsicheres Arbeiten. Der Niethammer besitzt ferner eine weitere wichtige Neuerung: Die Führungsbüchse i des Einsteckwerkzeuges g ist elastisch im Zylinder f gelagert. Diese Art der Lagerung gewährleistet vibrations- und geräuscharmen Lauf des Werkzeuges und damit größtmögliche Schonung des Bedienungsmannes.

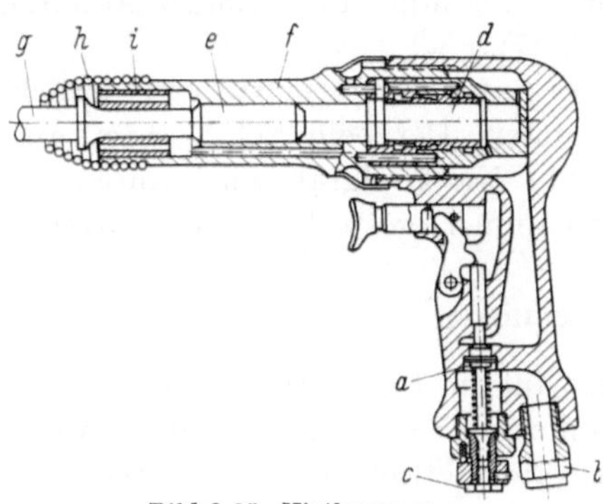

Bild 3.05. Niethammer.
a Einlaßventil; b Einlaßöffnung; c Einstellschraube; d Steuerbüchse; e Kolben; f Zylinder; g Einsteckwerkzeug; h Rückholfeder; i Führungsbüchse.

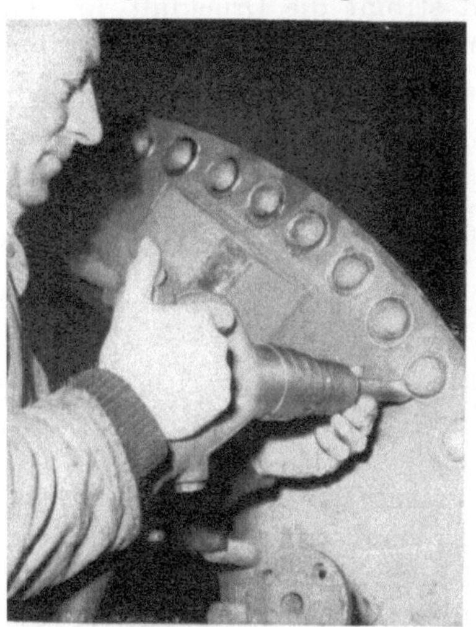

Bild 3.06. Niethammer für Verstemmarbeiten.

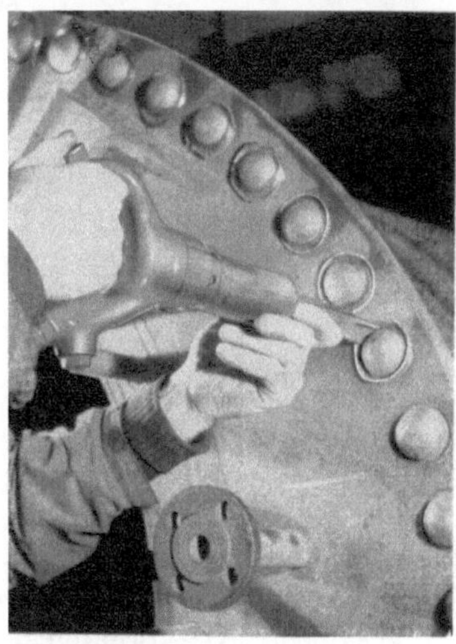

Bild 3.07. Niethammer für Entgratarbeiten.

Niethämmer der beschriebenen Konstruktion werden in verschiedenen Größen und Formen für alle im Maschinen-, Schiffs-, Automobil-, Apparate-, Flugzeug- und Stahlbau vorkommenden Arbeiten hergestellt.

3.32 Niethammer für Verstemmarbeiten und Nietkopfentgratungen

Der Niethammer eignet sich bei Verwendung eines Verstemm- oder eines Entgratwerkzeugeinsatzes für Verstemm- und Entgratarbeiten an gesetzten Nieten (Bilder 3.06 u. 3.07).

Nach dem Setzen der Niete ist es z. B. im Kesselbau erforderlich, die Ränder der Nietköpfe zu verstemmen. Der beim Setzen bzw. anschließenden Verstemmen entstehende Nietkopfgrat wird durch ein Entgratwerkzeug, das in den Niethammer gesteckt wird, entfernt

3.33 Spantennieter

Spantennieter sind in erster Linie für im Schiffsbau vorkommende Nietarbeiten entwickelt worden. Bei diesen Werkzeugen handelt es sich um Niethämmer, die mit einem druckluftbetriebenen Abstützzylinder ausgestattet sind (Bild 3.08).

Zu Beginn der Nietarbeiten an einem Spant wird das Werkzeug mit seinem Werkzeugeinsatz auf den betreffenden Niet gesetzt, während das andere Ende des Werkzeuges an dem Gegenspant abgestützt wird. Dieses Abstützen geschieht durch Einschalten der Druckluft, wodurch der Kolben des Abstützzylinders ausgefahren wird. Anschließend strömt die Druckluft in den Hammerstiel des Werkzeuges ein, und

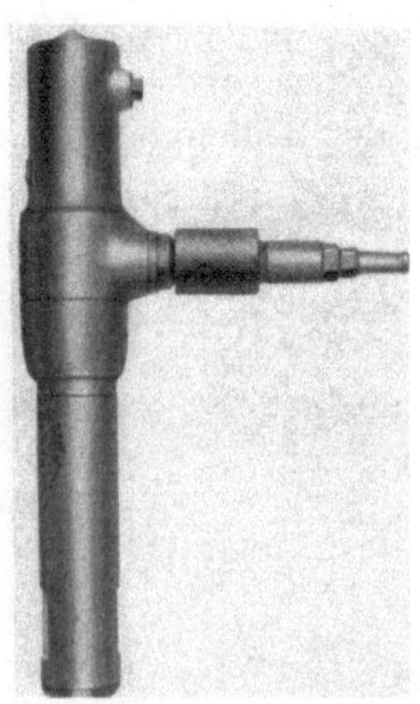

Bild 3.08. Spantennieter.

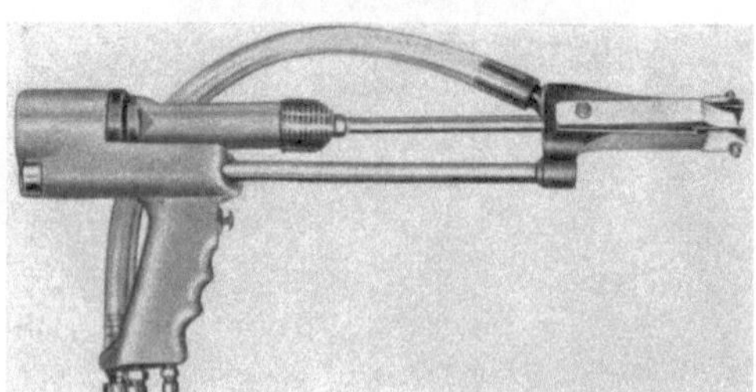

Bild 3.09. Nagler.

das Vernieten beginnt. Der Kolben des Abstützzylinders gleicht den Weg des Einsteckwerkzeuges durch Nachsetzen aus, so daß während des gesamten Nietvorganges ein Abstützen des Spantennieters am Nachbarspant gewährleistet ist.

3.34 Nagler

Mit dem Nagler (Bild 3.09) können fast alle mit einem Kopf versehenen Nägel in Längen zwischen 35 bis 80 mm verarbeitet werden. Die Bedienung des Werkzeuges kann mit einer Hand erfolgen, so daß der Bedienungsmann mit der anderen Hand die Werkstücke vorrichten bzw. festhalten kann.

Die Nägel werden in einen Sammelbehälter geschüttet, aus dem sie einzeln durch Druckluft dem Nagler automatisch zugeführt werden. Als Zuführung dient ein Plastikschlauch von etwa 4 m Länge. Mit dem Nagler können je nach Form der verwendeten Nägel bis zu 80 Nägel je Minute eingeschlagen werden.

3.4 Werkzeuge für sonstige Bearbeitungsverfahren

3.41 Stampfer

Der Stampfer (Bild 3.10) wird in Gießereien zum Feststampfen von Formsand verwendet. Der Stampferfuß d ist unmittelbar am hin- und hergehenden Kolben e des Werkzeuges mittels einer Schraube befestigt. Die Druckluft strömt bei a in das Werkzeug ein und gelangt nach Öffnen des Ventils b in das Werkzeuginnere. Ein eingebauter Öler c mischt der Druckluft Öl bei. Durch eine Ventilsteuerung wird der Kolben wechselseitig von der Druckluft beaufschlagt und in Auf- und Abwärtsbewegungen versetzt.

Je nach Art der auszuführenden Stampfarbeit kann zwischen Werkzeugen mit 100 bis 200 mm Hub und einer Schlagzahl von 300 bis 1000 Schlägen je Minute gewählt werden.

3.42 Kernausstoßer

Der Kernausstoßer wird zum Entfernen von Kernen aus Gußstücken verwendet (Bild 3.11). Als Werkzeugeinsatz werden je nach Verwendungszweck entweder sog. Spitzeisen oder Flachmeißel in Längen von 300 bis 1000 mm eingesetzt. Die Schlagzahl des Kernausstoßers beträgt je nach Werkzeuggröße 1000 bis 2500 Schläge je Minute.

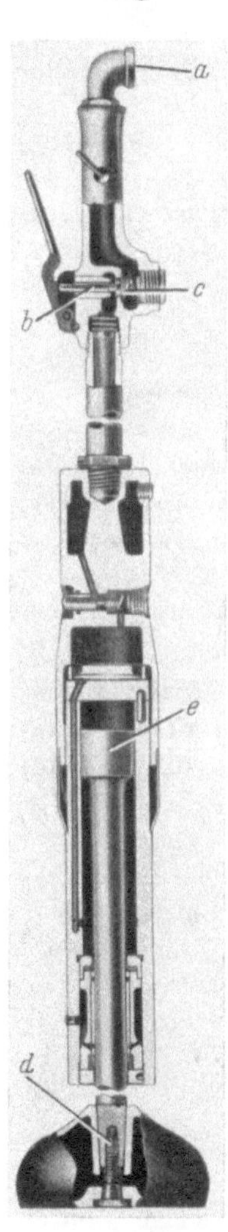

Bild 3.10. Stampfer.
a Einlaßöffnung;
b Ventil;
c Öler;
d Stampferfuß;
e Kolben.

3.43 Meißelhammer

Äußerlich und in der Wirkungsweise gleicht der Meißelhammer
(Bild 3.12) einem Niethammer. Durch Einsatz eines entsprechenden

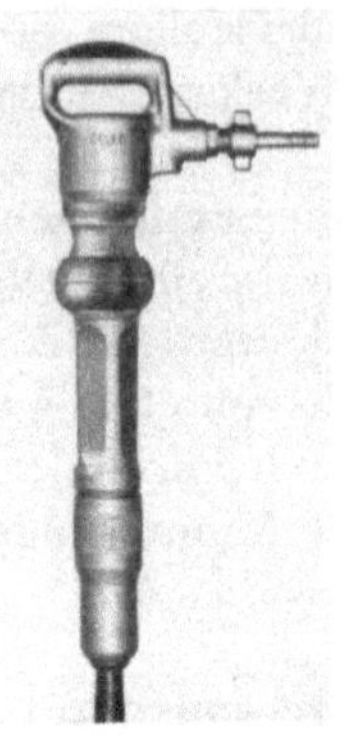

Bild 3.11. Kernausstoßer.

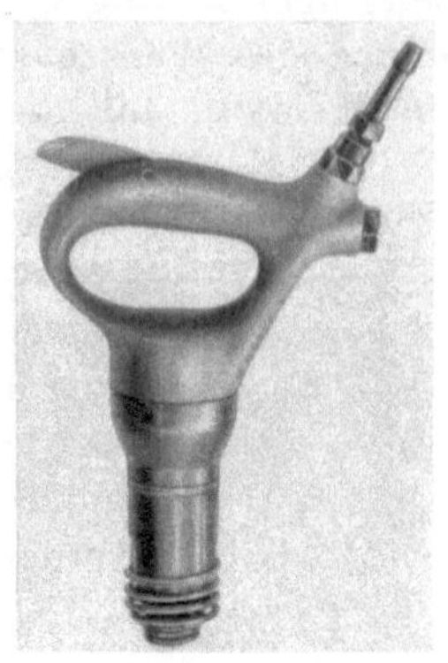

Bild 3.12. Meißelhammer.

Einsteckwerkzeuges kann der Meißelhammer zum Bearbeiten von
Blechkanten, zum Ausstemmen von Blechausschnitten u. dgl. verwendet werden.

3.44 Lochwerkzeug

Sowohl der Fahrzeugbau als auch andere Industriezweige, wie z. B.
die Haushaltsgeräteindustrie, verwenden in steigendem Maße Blech-
schrauben als Verbindungselemente. In der Praxis werden diese Schrauben meist als Treibschrauben bezeichnet. Sie sind in DIN 7971-74/
7976/7981-83 genormt.

Es ist allgemein üblich, die zum
Eindrehen der Schrauben erforderlichen Kernlöcher zu bohren
und im Anschluß daran die Blech-
schrauben entweder von Hand
oder mit einem Druckluftschrauber einzuschrauben. Bei diesem
Einschraubvorgang schneidet
bzw. drückt die Schraube ihr
Gegengewinde in das Blechteil.

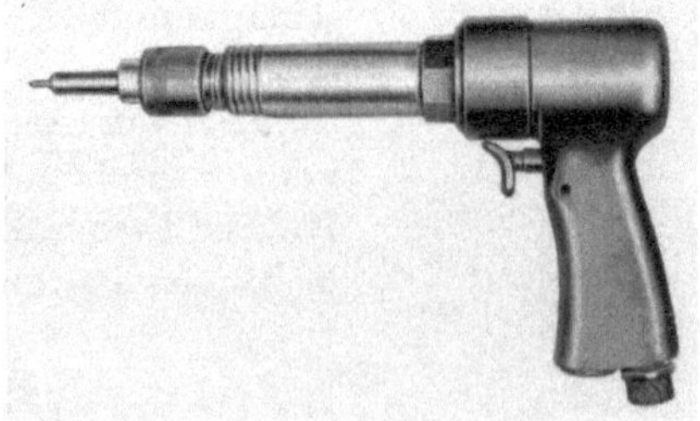

Bild 3.13. Lochwerkzeug.

Mit dem Lochwerkzeug (Bild 3.13) kann das langwierige Bohren
der Kernlöcher entfallen. Das Lochwerkzeug arbeitet nach dem Ham-
merprinzip. Der Werkzeugeinsatz, der sog. Lochstempel, locht das Blech
und drückt das Material kragenförmig auf. Durch diesen Kragen wird
die Gewindelänge vergrößert, so daß die Auszugfestigkeit der Schraube

erhöht wird. Gegenüber dem Bohren mit einem Drucklufthandbohrer ergeben sich bei Einsatz eines Lochwerkzeuges folgende Vorteile: Kürzere Fertigungszeit, geringere Werkzeugkosten (Lochstempel sind billiger als Spiralbohrer), kein Späneanfall, geringerer Kraftaufwand.

Leichte Locharbeiten, also Dünnblechlochungen, können mit einem Hammer von etwa 1,6 kg Eigengewicht durchgeführt werden, während zum Lochen stärkerer Bleche ein Hammer mit einem Eigengewicht von etwa 1,8 kg erforderlich ist. Die Schlagintensität des Werkzeuges kann durch Drosselung der Druckluft verändert werden.

4 Drückende und ziehende Werkzeuge

4.1 Antrieb

Der Antrieb der Werkzeuge erfolgt von einem hin- und hergehenden von Druckluft beaufschlagten Kolben aus, der in einem Zylinder angeordnet ist.

Je nach Werkzeugkonstruktion kann es sich um einen einfach- oder doppeltwirkenden Kolben handeln. Der einfachwirkende Kolben wird nach beendetem Arbeitshub von einer Feder, der doppeltwirkende Kolben mittels Druckluft in die Ausgangsstellung zurückgedrückt.

4.2 Werkzeuge für Fügearbeiten

4.21 Nieter

Der Nieter (Bild 4.01) ist mit einem C-förmigen Bügel ausgestattet, der fest mit einem Druckluftzylinder verbunden ist. Der eine Schenkel b

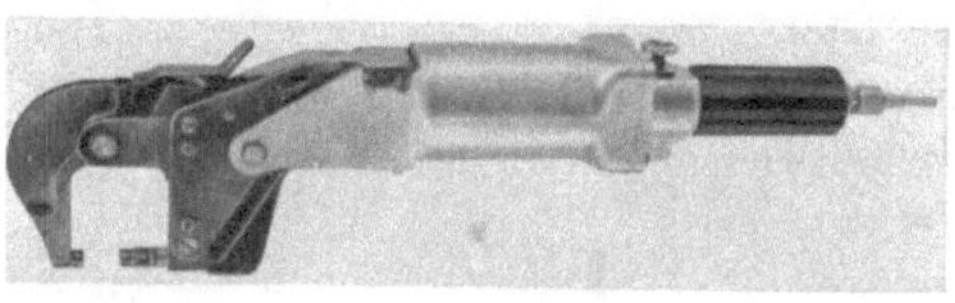

Bild 4.01. Nieter.

des Bügels a ist starr ausgeführt und dient als Gegenhalter, während in dem anderen Schenkel der axialbewegliche Döpper c angeordnet ist (Bild 4.02). Nach Öffnen des Drucklufteinlaßventils wird der im Inneren des Zylinders d befindliche Arbeitskolben e von Druckluft beaufschlagt und in Richtung auf den Nietbügel bewegt. An der Kolbenstange f ist ein Keil g befestigt, der über die schiefe Ebene einen Druckhebel h betätigt, der wiederum auf den Döpper c wirkt und diesen gegen den starren Schenkel b des Nietbügels a bewegt.

Nach dem Setzen des Nietes wird der Arbeitskolben *e* durch einen kleineren auf der gleichen Kolbenstange befestigten Rückholkolben *i*, der in einem als Handgriff *k* ausgebildeten Druckluftzylinder angeord-

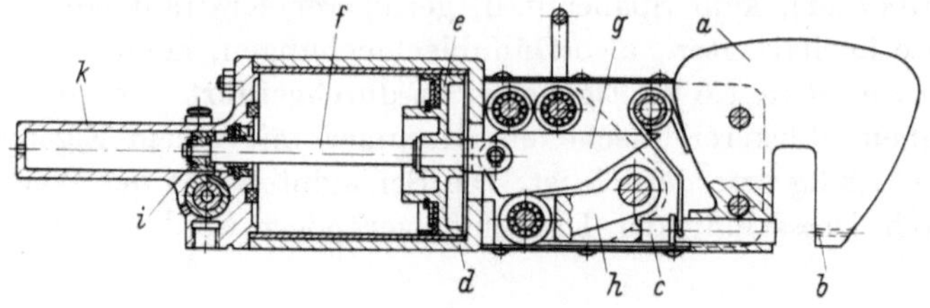

Bild 4.02. Nieter, Querschnitt.

a Bügel; *b* starrer Schenkel; *c* Döpper; *d* Zylinder; *e* Arbeitskolben; *f* Kolbenstange; *g* Keil; *h* Druckhebel; *i* Rückholkolben; *k* Handgriff.

net ist, in seine Ausgangsstellung zurückgeholt. Die Hubgeschwindigkeit des Döppers *c* kann durch Drosselung der Druckluft eingestellt werden.

4.22 Blindnieter

Der Blindnieter (Bild 4.03) dient zum Setzen von Blindnieten. Im Druckluftzylinder ist ein doppeltwirkender Kolben angeordnet, der auf ein Scherengestänge wirkt. Bild 4.04 a—c zeigt das Setzen eines Blindnietes mit Hilfe des Nieters. Der Niet wird in die Bohrungen der zu vernietenden Werkstücke eingeführt. Anschließend wird der Nieter mit seinem Mundstück über den Nietdorn geschoben. Bei Betätigen des Abzughebels strömt Druckluft in das Werkzeug ein und bewegt den Kolben. Dieser betätigt über das Scherengestänge die zwei Klemmbacken, die den Nietdorn erfassen und ihn zurückziehen, bis der Niet gesetzt ist und der Nietdorn an seiner Sollbruchstelle abreißt. Bei Loslassen des Abzughebels wird der abgerissene Nietdorn mittels Druckluft aus dem Mundstück des Werkzeuges ausgeblasen und die Klemmbacken werden für das nächste Arbeitsspiel geöffnet.

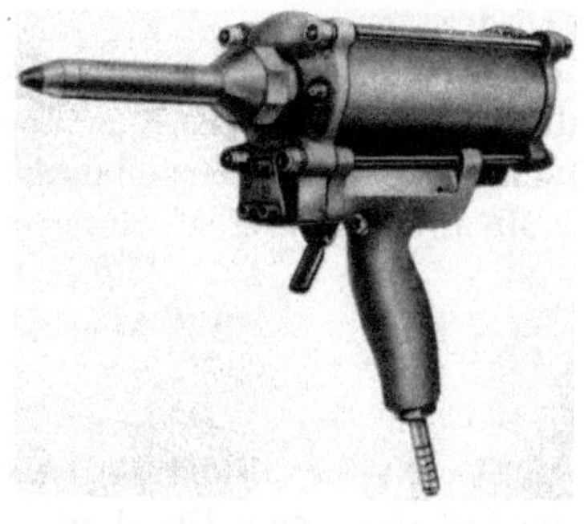

Bild 4.03. Blindnieter.

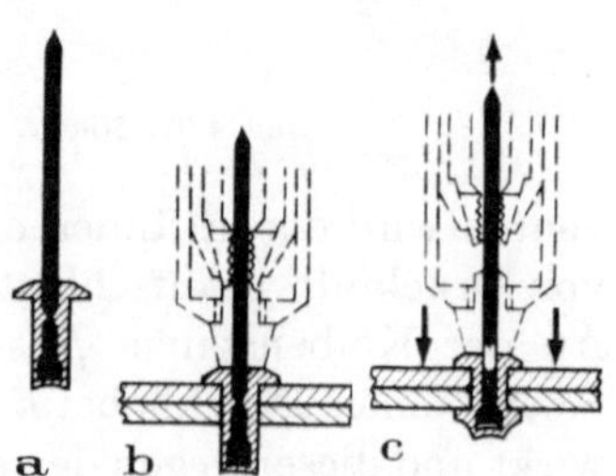

Bild 4.04 a—c. Setzen eines Blindnieters.
a) Blindniet; b) Ansetzen des Blindnietes;
c) Vernieten.

4.23 Nietzange

Die Nietzange (Bild 4.05) ist mit zwei beweglichen Zangenschenkeln, die von einem Druckluftzylinder betätigt werden, ausgerüstet. Das Werkzeug eignet sich besonders zum Vernieten von Scharnierstiften. Zylinderstiften u. dgl.

4.24 Gegenhalter

Um eine einwandfreie Nietung erzeugen zu können, ist während des Setzens des Nietes auf den Niet ein Druck auszuüben, der der Schlagrichtung des Niethammers entgegenwirkt (Gegenhalten). Dieser Gegen-

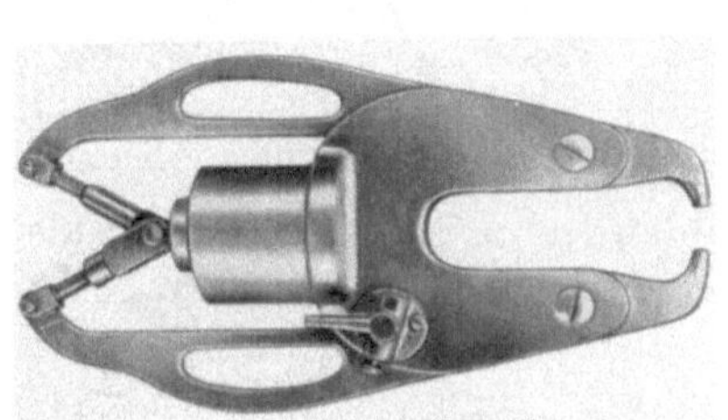

Bild 4.05. Nietzange.

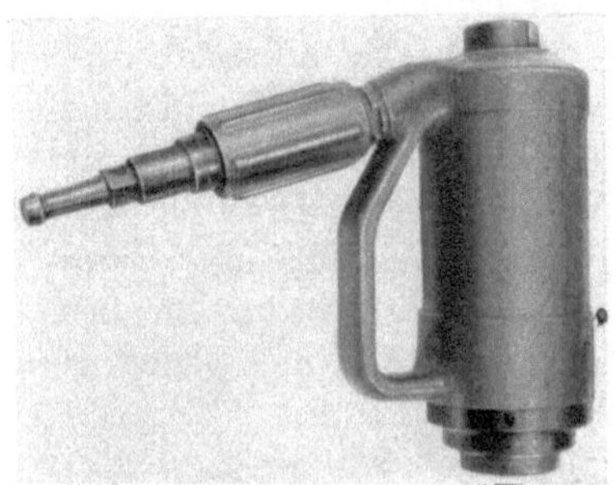

Bild 4.06. Gegenhalter.

druck kann mit dem Gegenhalter (Bild 4.06) erzeugt werden. Das Werkzeug besteht aus einem Zylinder, in dem ein axial beweglicher Kolben angeordnet ist. Der Kolben tritt aus der offenen Zylinderseite aus dem Zylinder aus. Die geschlossene Stirnseite des Zylinders ist als Druckstück ausgebildet.

Die Wirkungsweise des Gegenhalters beim Nieten ist folgende: Der Bedienungsmann setzt den Gegenhalter auf den Nietkopf auf und betätigt das Drucklufteinlaßventil. Der im Zylinder befindliche Kolben wird von Druckluft beaufschlagt und macht eine Hubbewegung, wobei er z. T. aus dem Zylinder austritt, während sich der Zylinder mit seinem Druckstück z. B. an dem Gegenspant, an der Werkstückwandung oder an einem Stützstempel abstützt. Die Drucklufteinlaßöffnung bleibt während des gesamten Nietvorganges geöffnet, so daß der Kolben ständig unter Druck steht. Beim Schließen der Drucklufteinlaßöffnung wird der Kolben von einer Feder, die zwischen dem Zylinder und dem Kolben angeordnet ist, in seine Ausgangsstellung zurückgedrückt.

Gegenhalter werden auch mit zusätzlichen Schlagwerken gebaut, die während des Setzvorganges Hammerschläge, ähnlich den Schlägen eines Niethammers, auf den jeweiligen Niet ausführen. Bei diesem Werkzeugtyp, dem sog. schlagenden Gegenhalter, wird das Hammerwerk erst dann eingeschaltet, wenn der Gegenhalter abgestützt ist.

4.3 Werkzeuge für sonstige Bearbeitungsverfahren

4.31 Schere

Die Schere (Bild 4.07) wird von einem einfachwirkenden Kolben, der in einem als Griffstück ausgebildeten Druckluftzylinder axialbeweglich angeordnet ist, betätigt. Der Schneidhub wird durch den von Druckluft beaufschlagten Kolben ausgeführt, während der Kolbenrückhub und damit das Öffnen der Scherenschenkel durch eine Druckfeder erfolgt.

Das Werkzeug ist z. B. zum Abschneiden von Eingußtrichtern an Spritzgußteilen, zum Ablängen von Drähten usw. geeignet. Wegen seiner Handlichkeit wird es in großen Stückzahlen u. a. in der Fernmeldetechnik und in der Elektrogeräteindustrie verwendet.

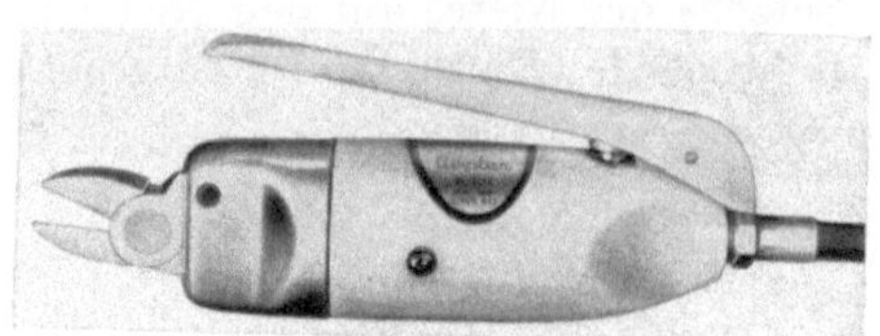

Bild 4.07. Schere.

5 Blasende und spritzende Werkzeuge

Blasende und spritzende Werkzeuge sind mit Düsen bestückt, durch die die Druckluft hindurchströmt, um dann ins Freie zu gelangen. Die dabei erreichte Strahlwirkung beruht auf der Strömungsgeschwindigkeit des Druckgefälles der Luft.

5.1 Blasdüse

Die Blasdüse (Bild 5.01) wird für Reinigungsarbeiten wie z. B. Ausblasen von Gewindesacklöchern, Beseitigen von Spänen, Entfernen von Kernsand aus Gußstücken usw. verwendet. Die Druckluft tritt an der in dem Düsenmundstück angeordneten Austrittsbohrung aus. Die Luftmenge kann durch entsprechende Betätigung des mit einem Druckknopf oder Einschalthebel versehenen Einlaßventils bestimmt werden.

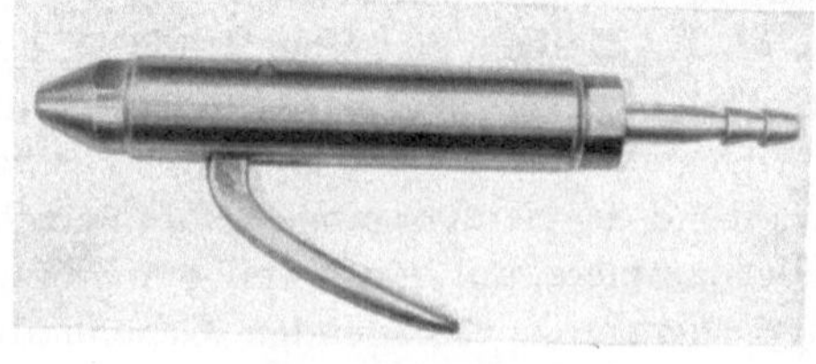

Bild 5.01. Blasdüse.

5.2 Farbspritzpistole

Zum Auftragen von Farben und Lacken werden Farbspritzpistolen
verschiedener Ausführungsarten verwendet. Eine Neuerung auf dem
Gebiet der Farbspritztechnik wurde durch die Spritzpistolen mit Strahl-
momentumschaltung geschaffen. Bei dieser Konstruktion ist die Umschaltung des Farbstrahles durch einfachen Hebeldruck möglich. So
kann ohne Arbeitsunterbrechung von einem Flachstrahl auf einen
Rundstrahl und zurück geschaltet werden. Eine Umschaltung vom
senkrechten zum waagerechten Flachstrahl ist ebenfalls möglich.

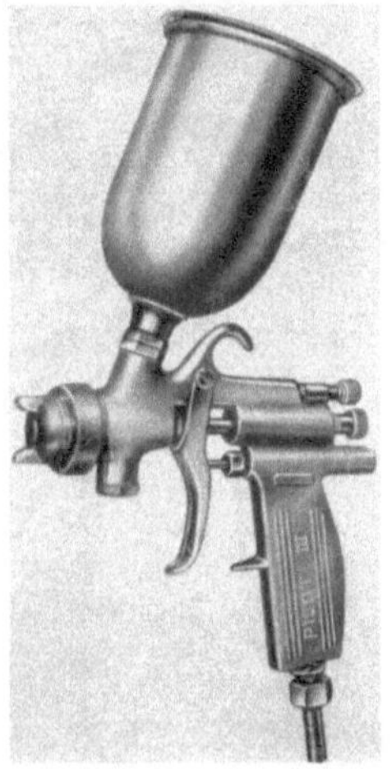

Bild 5.02. Farbspritzpistole mit Fließbecher.

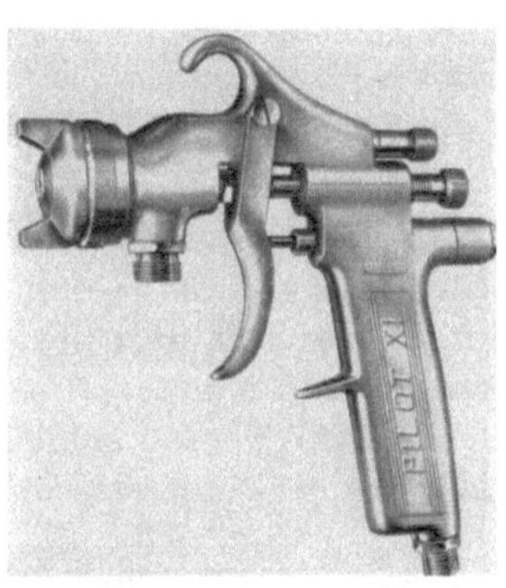

Bild 5.03. Farbspritzpistole, geeignet zum
Anschluß an Materialdruckgefäße.

Dieser Doppelumschlag ist dann von Vorteil, wenn im sog. Kreuz-
gang gespritzt werden soll. Bild 5.02 zeigt eine Spritzpistole mit
Fließbecher. Je nach Farbverbrauch können verschieden große Fließbecher aufgesetzt werden. Die Pistole eignet sich nicht nur für Lackier-
arbeiten. Es können auch mit ihr andere Materialien verspritzt werden,
so z. B. Klebstoffe und Graphit.

Die Spritzpistole (Bild 5.03) ist zum Anschluß an Materialdruckgefäße geeignet. Beide Pistolen können mit verschieden großen Düseneinlagen ausgerüstet werden. Es sind Düseneinlagen mit Bohrungen
von 0,5 bis 3,5 mm Durchmesser lieferbar.

5.3 Flammspritzpistole

Ein vielseitiges Anwendungsgebiet für das Flammspritzen ist das
Spritzverstählen verschlissener Laufflächen, z. B. von Wellen, Lager-
zapfen usw. Das Flammspritzverfahren wird auch sehr oft für Reparaturarbeiten an gerissenen Motorblöcken und Getriebegehäusen angewandt.

Unter Umständen ist ein Abdichten solcher Risse sogar ohne Ausbau des betreffenden Aggregates möglich.

Der wichtigste Teil eines Flammspritzgerätes ist die Spritzpistole, in der das aufzuspritzende Material, das in Drahtform zugeführt wird, durch eine Gasflamme erhitzt und geschmolzen und mit Hilfe eines Druckgasstromes auf die zu bespritzende Fläche aufgeschleudert wird. Als Gas wird entweder Azetylen, Propan oder Leuchtgas verwendet, das mit Sauerstoff, wie in einem Schweißgerät üblich, gemischt wird. Zur Zerstäubung und zum Transport der geschmolzenen Metallteilchen wird trockene, ölfreie Druckluft verwendet. Bild 5.04 zeigt eine Flammspritzpistole. Der Drahtvorschub erfolgt innerhalb der Spritzpistole durch einen Druckluftmotor, der im Handgriff der Pistole angeordnet ist. Der Spritzvorgang kann bei brennender Flamme durch Abstellen des Drahtvorschubes jederzeit und beliebig oft unterbrochen werden, ohne daß der Draht in der Düse festschmort.

Bild 5.04. Flammspritzpistole.

5.4 Lichtbogenspritzpistole

Lichtbogenspritzpistolen dienen ebenfalls zum Aufspritzen von Metallen. Beim Lichtbogenspritzverfahren werden zwei stromführende Drähte mit Hilfe eines zwischen ihnen erzeugten Lichtbogens abgeschmolzen. Die abschmelzenden Metallteilchen werden durch Druckluft auf das Werkstück geschleudert. Die Drähte werden entsprechend der Abschmelzgeschwindigkeit automatisch nachgeschoben.

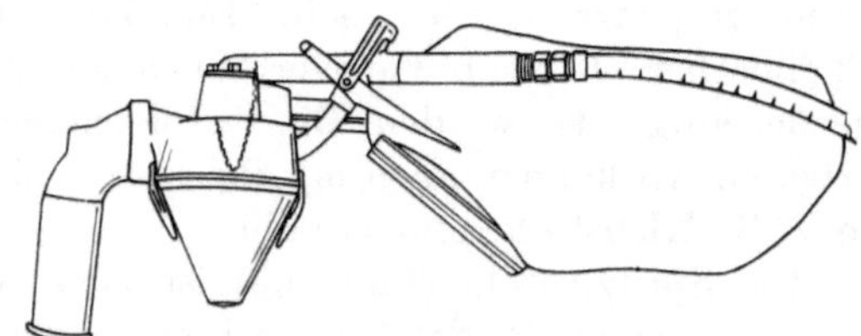

Bild 5.05. Sandstrahlpistole.

Die Spritzzeit ist bei Verwendung einer Lichtbogenspritzpistole wesentlich kürzer als bei Einsatz einer Flammspritzpistole. So beträgt die innerhalb einer Stunde verspritzbare Drahtmenge bei Verwendung einer Lichtbogenspritzpistole 15 kg Stahl, während mit einer Flammspritzpistole im gleichen Zeitraum nur 3,5 kg Stahl verspritzt werden können.

5.5 Sandstrahlpistole

Die Sandstrahlpistole (Bild 5.05) eignet sich für Entzunderungs-
und Entrostungsarbeiten, zum Entfernen von Farbe, Kesselstein,
Schmutz usw. Die Pistole kann in geschlossenen Arbeitsräumen, sogar
in Kesseln verwendet werden, ohne Gefahr, andere anwesende Personen
zu belästigen. Als Strahlmittel dient Korund oder Stahlkies. Der Transport des Strahlgutes erfolgt mit Hilfe von Druckluft. Der Strahlkopf der
Pistole ist drehbar, so daß es möglich ist, auch in Ecken und sonst schwer
zugänglichen Stellen abzustrahlen.

6 Treibende Werkzeuge

6.1 Antrieb

Treibende Werkzeuge werden zum Auftragen zähflüssigen Materials,
wie Dichtungsmasse, Kleber u. dgl. auf Werkstücke verwendet. Haupt-
bestandteil eines treibenden Werkzeuges ist ein Hohlzylinder, der an
einem Ende mit einer Ausflußtülle und am anderen Ende mit einem
Drucklufteinlaßventil versehen ist. Das Drucklufteinlaßventil kann durch
einen Hebel, der bei den meisten Konstruktionen im Griffstück des Werkzeuges untergebracht ist, geöffnet und geschlossen werden. Die auf-
zutragende Masse wird in den Hohlzylinder eingegeben und von der in
den Zylinder einströmenden Druckluft in Richtung auf die Ausflußtülle
gedrückt. Bei den meisten Werkzeugkonstruktionen ist im Inneren des
Zylinders ein Druckkolben angeordnet, der einseitig von Druckluft beaufschlagt wird, und der das im Zylinder befindliche Material vor sich
her zur Ausflußtülle schiebt.

6.2 Auftragwerkzeug

Das Werkzeug (Bild 6.01) eignet sich zum Auftragen von Dichtungs-
massen und Klebstoffen. Das Auftragsmaterial wird in geschlossenen
Plastikbeuteln der Werkzeugeinsatzstelle angeliefert. Der Bedienungs-

Bild 6.01. Auftragwerkzeug.

mann öffnet zum Nachfüllen des Werkzeuges eine Seite des jeweiligen
Beutels und schiebt den Beutel anschließend in das Werkzeug. Diese
Art des Nachfüllens hat sich in der Praxis als besonders wirtschaftlich

erwiesen, und zwar dadurch, daß Dichtungs- bzw. Klebmasse eingespart wird, daß das Nachfüllen in kurzer Zeit möglich ist und daß die Verschmutzung des Werkzeuginneren durch Füllmassenreste gering ist, wodurch wiederum die Werkzeugreinigungs- und Ausfallzeiten niedrig sind.

Im Inneren des Zylinders ist ein Kolben angeordnet, der von Druckluft beaufschlagt wird und die eingegebene Dichtungs- bzw. Klebmasse zur Ausflußtülle schiebt. Je nach Bedarfsfall können verschieden ausgebildete Ausflußtüllen verwendet werden.

6.3 Spritzgußwerkzeug

Das Spritzgußwerkzeug (Bild 6.02) dient zum Verarbeiten von Thermoplasten. Das Werkzeug muß zur Inbetriebnahme an das Druckluftnetz und an das elektrische Netz angeschlossen werden. Der elektrische Strom hat die Aufgabe, das in das Werkzeug eingebaute Heizelement zu speisen, während das Heizelement wiederum zum Erwärmen und Schmelzen des als Granulat in das Werkzeug eingegebenen Kunststoffes dient. Die Aufheizzeit beträgt etwa 2 bis 3 Minuten. Die Temperatur kann an einem Regelknopf

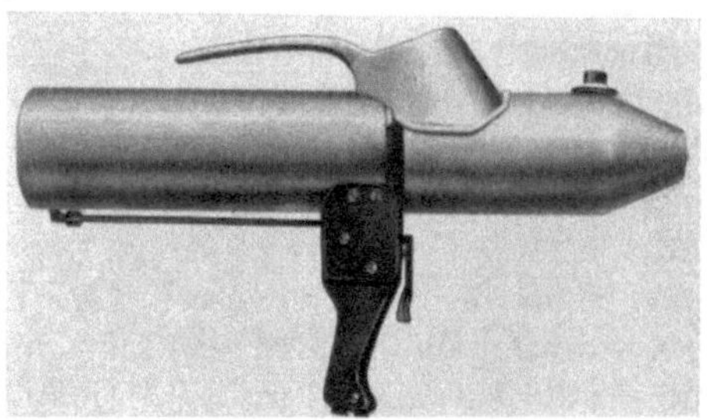

Bild 6.02. Spritzgußwerkzeug.

eingestellt werden. Sobald das Granulat durch die Aufheizung plastisch geworden ist, schaltet der Bedienungsmann über einen Ventilmechanismus die Druckluft ein, die in das Werkzeug einströmt und auf einen im Werkzeugzylinder angeordneten Kolben wirkt. Der Kolben bewegt die plastische Masse in Richtung auf die Ausflußtülle. Der wählbare Temperaturbereich des Heizelementes liegt zwischen 100 und 350 °C. Diese Temperaturen reichen aus, um einmal Polyvinylchlorid und zum anderen Polycarbonat verarbeiten zu können.

7 Druckluftrohrnetz

Bei der Planung eines Druckluftrohrnetzes sind folgende Hinweise zu beachten:

Die Rohrleitungen sind größenmäßig so auszulegen, daß der zwischen dem Druckkessel und der Werkzeugeinsatzstelle auftretende Druckabfall

10% nicht übersteigt. Die Zahl der Rohrverschraubungen, Krümmer usw. ist so gering wie möglich zu halten. Scharfkantige Übergänge und Querschnittsveränderungen, die starken Druckabfall verursachen, sind zu vermeiden. Anstelle von Kniestücken sind Bogenstücke zu wählen. Für die Auslegung der Rohre dürfen hinsichtlich des Luftbedarfes nicht nur die augenblicklichen Verhältnisse maßgebend sein (z. B. Anzahl der zu installierenden Druckluftwerkzeuge), es sind vielmehr auch die zukünftigen Bedürfnisse mit in Betracht zu ziehen.

Wenn irgend möglich ist das Rohrnetz als Ringleitung auszubilden. Dies hat den Vorteil, daß der Verbrauchsstelle, an der die meiste Luft entnommen wird, von zwei Seiten her Druckluft zugeführt wird. In besonders langen Verteilerleitungen ist die Installation von zusätzlichen Druckkesseln erforderlich. Diese sind soweit wie möglich vom Hauptdruckkessel entfernt oder aber in unmittelbarer Nähe vom Hauptverbraucher anzuordnen. Der Luftverbrauch erreicht oftmals nur vorübergehend eine Spitze, die vielfach durch Installation zusätzlicher Druckkessel aufgefangen werden kann, so daß sich die Anschaffung eines Kompressors mit größerer Leistung erübrigt.

Die Abzweigleitung, sog. Stichleitung, ist so dicht wie möglich an das Druckluftwerkzeug heranzuführen. Dadurch können die Schläuche kurz gehalten werden, und der Druckabfall im Schlauch ist gering. Die Stichleitung ist von der Oberseite der Hauptleitung aus in einem langen Bogen abzuführen, damit in der Hauptleitung befindliches Kondenswasser nicht in die Stichleitung gelangen kann. Alle Rohrleitungen sind mit Gefälle von etwa 1% zu verlegen. Das Gefälle muß in Strömungsrichtung liegen, damit in jedem Falle das Wasser den Wasserabscheidern zuläuft und ein Zurücklaufen in den Kompressor vermieden wird.

Die Anschlüsse für die Druckluftwerkzeuge dürfen keinesfalls am untersten Ende der Stichleitungen angebracht werden, da sonst die Gefahr besteht, daß Kondenswasser in die Werkzeuge gerät. Die richtige Anordnung der Anschlüsse zeigt Bild 7.01.

Unter Umständen auftretende Temperaturschwankungen, die sich bei.im Freien verlegten oder in der Nähe von Heizungsrohren befindlichen Leitungen ergeben können, sind durch Isolation auszuschalten.

Bei der Berechnung der erforderlichen Leitungsquerschnitte ist zu beachten, daß nicht alle der zu installierenden Werkzeuge ununterbrochen und zu gleicher Zeit arbeiten. Beispiel: Ein Schrauber ist nur zu 75% eingesetzt. In der restlichen Zeit richtet der Arbeiter die zu verschraubenden Werkstücke vor, während der Kompressor weiterläuft und Luft in den Druckkessel fördert. In einem solchen Falle braucht die Leistung des Kompressors nicht gleich dem minütlichen Luftverbrauch des Werkzeuges zu sein, und demzufolge kann der Leitungsquerschnitt geringer gehalten werden [4].

Sind Werkzeuge mit gleicher Leistung eingesetzt, so können die Kompressorleistung und der Leitungsquerschnitt geringer sein als der mit der Anzahl der Werkzeuge multiplizierte minütliche Luftverbrauch nur eines Werkzeuges, da nicht alle Werkzeuge zur gleichen Zeit laufen. Die Druckluftwerkzeughersteller haben Durchschnittswerte ermittelt, die

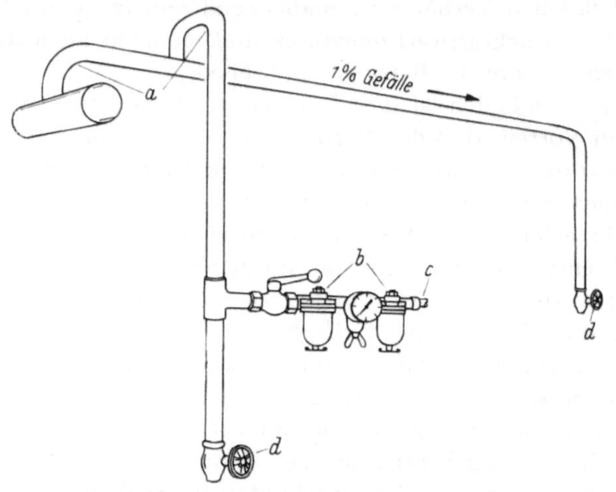

Bild 7.01. Verlegung von Rohrleitungen.
a Abzweigungen nach oben; *b* Wartungseinheit; *c* Luftentnahme;
d Kondenswasserablauf mit Ablaßhahn.

sich für Überschlagsrechnungen eignen. So beträgt z. B. bei einem Werkzeug der minütliche Luftverbrauch bei 5 atü 0,34 m³ und der für die Überschlagsrechnung einzusetzende Wert

bei	3 Werkzeugen	0,25 m³/Werkzeug,
bei	6 Werkzeugen	0,17 m³/Werkzeug,
bei	12 Werkzeugen	0,12 m³/Werkzeug,
bei	24 Werkzeugen	0,09 m³/Werkzeug.

Bei der Ermittlung der erforderlichen Rohrquerschnitte sind unbedingt auch die Verluste durch Undichtigkeiten zu berücksichtigen.

Es ist zweckmäßig, die Rohrleitungen größer zu dimensionieren, als es rechnerisch erforderlich ist. Rohre mit großen Rohrquerschnitten erlauben den späteren Einsatz von zusätzlichen Werkzeugen ohne Änderung des Leitungsquerschnittes und haben zudem noch Druckkesselwirkung.

Bei einem Kostenvergleich zwischen einer Leitung mit kleinem Durchmesser, die verschraubt wird, und einer Leitung mit großem Durchmesser, die verschweißt wird, ergibt sich ein Mehrpreis für die geschweißte Ausführung. Es muß jedoch berücksichtigt werden, daß eine geschweißte Leitung dichter ist und weniger Wartung erfordert als eine geschraubte.

Vor der Montage des Rohrnetzes muß jedes Rohr innen gesäubert werden, um übermäßiges Verschmutzen der Filter und u. U. das Eindringen von Schmutz ins Werkzeug zu verhindern.

Bild 7.01 zeigt die Verlegung der Rohrleitungen und die Anordnung der Stichleitungen und Wartungseinheiten (vgl. Abschn. 8.1—8.3).

Um Leitungsundichtigkeiten frühzeitig zu erkennen, ist eine turnusmäßige Überprüfung des gesamten Rohrnetzes erforderlich. Die Kosten, die durch Leckagen entstehen, sind oftmals beträchtlich. Welche Anstrengungen gemacht werden, um Leckverluste an Armaturen usw. rechtzeitig erkennen zu können, sollen folgende Beispiele zeigen:

In einer Maschinenfabrik in den USA wird in bestimmten Zeitabständen ein sog. Pfefferminztest durchgeführt. Zu diesem Zweck wird in die Ansaugöffnung des Kompressors eine Pfefferminzessenz eingespritzt. Dann werden alle Rohrleitungen abgesucht. Die geringste Undichtigkeit wird an dem Pfefferminzgeruch erkannt.

Andere Betriebe führen den sog. Seifenblasentest durch, bei dem ebenfalls in regelmäßigen Zeitabständen die Leitungsarmaturen mit einer seifenlaugeähnlichen Flüssigkeit bepinselt, oder, wie es in der Fachsprache heißt, abgeseift werden. Falls Undichtigkeiten vorhanden sind, zeigen sich diese durch Blasenbildung. Eine weitere Möglichkeit, Leckagen zu entdecken, besteht darin, die Rohrleitungen mit einem offenen Licht abzuleuchten.

Undichtigkeiten am Rohrnetz zeigen sich häufig schon im Kompressorraum. Beispiel: Zu Beginn einer Betriebspause wird der Kompressor noch fördern, um dann, wenn der erforderliche Druck im Druckkessel erreicht ist, automatisch abzuschalten. Springt der Kompressor bereits vor Beendigung der Betriebspause wieder an, obwohl kein Verbraucher eingeschaltet wurde, so müssen Undichtigkeiten an Rohrverschraubungen und anderen Armaturen vorhanden sein. Die Größe der Lässigkeiten des Rohrnetzes kann auf folgende Weise ermittelt werden: Zunächst wird sichergestellt, daß weder ein Verbraucher eingeschaltet ist noch während der Untersuchung eingeschaltet werden kann. Dann läßt man den Kompressor fördern, bis der Druckkessel und das Rohrnetz aufgefüllt sind, so daß der Kompressor selbsttätig abschaltet. Nun wird die Zeit gemessen, nach der der Kompressor wieder anspringt, um abermals zu fördern. Die Zeit, während der der Kompressor fördert, wird ebenfalls gemessen. Diese Messungen müssen mindestens 3- bis 4mal wiederholt werden, um ein möglichst genaues Ergebnis zu erhalten. Beispiel: Der Kompressor springt nach 25 Minuten wieder an und fördert dann wieder 7 Minuten lang. Die Lässigkeit des Netzes wird dann wie folgt ermittelt:

$$\frac{\text{Füllzeit}}{\text{Stillstandszeit} + \text{Füllzeit}} = \text{Lässigkeit (\%)} = 7 : (25 + 7) \approx 22\,\%.$$

Die Verluste durch Undichtigkeiten betragen demzufolge bei vorgenanntem Beispiel etwa 22%. Die Praxis zeigt, daß die Lässigkeitsverluste oftmals bis zu 50% der Kompressorleistung erreichen.

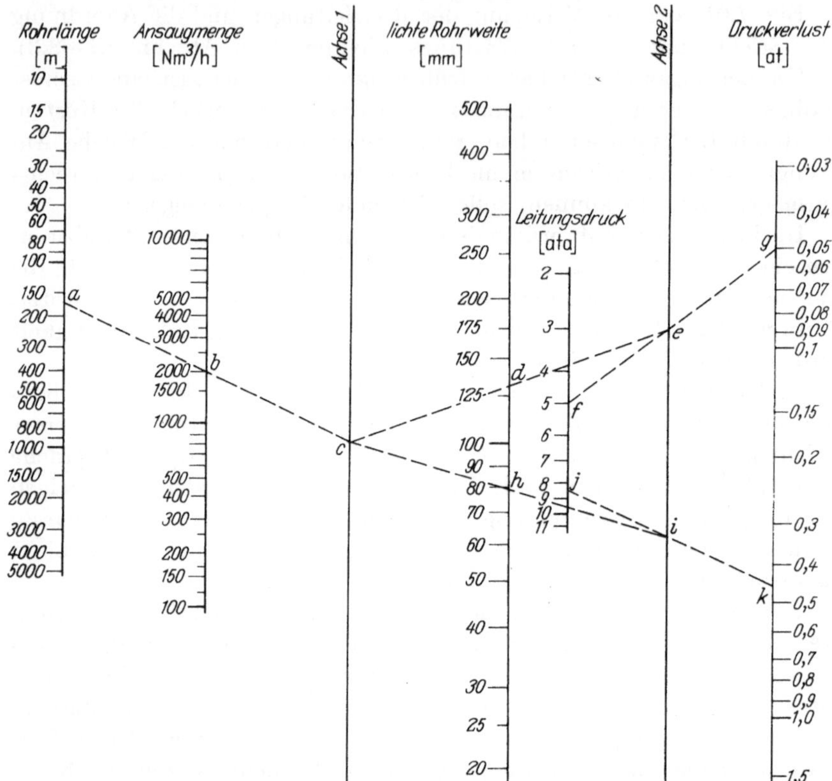

Bild 7.02. Nomogramm zur Ermittlung des Druckverlustes in Rohrleitungen.

Bild 7.02 zeigt ein Nomogramm, das zur Ermittlung des Druckverlustes in Rohrleitungen dient [1]. Die Benutzung wird an nachstehendem Beispiel erläutert.

Gegeben: Rohrlänge 160 m, lichte Rohrweite 130 mm, Liefermenge 2000 Nm³/h und Druck in der Leitung 5 ata.

Gesucht: Druckabfall.

Lösung: Verbinde a (= 160 m Rohrlänge) mit b (= 2000 m³/h Ansaugmenge) und verlängere bis c. Verbinde c mit d (= 130 mm Rohrdurchmesser) und verlängere bis e, verbinde f (= 5 ata Leitungsdruck) mit e und verlängere bis g. Somit ergibt sich ein Druckverlust von 0,05 at.

Folgende Armaturen können als Zuschlag auf die Rohrlänge berücksichtigt werden (Rohrdurchmesser = D in m):

90-Grad-Rohrbogen	7 D,
90-Grad-Knie	80 D,
45-Grad-Knie	20 D,
T-Stück	90 D.

8 Installation von Druckluftwerkzeugen

Druckluft muß, bevor sie in das Werkzeug einströmt, aufbereitet werden. Darunter versteht man die Säuberung in einem Filter, die Druckregulierung durch ein Druckminderventil und die Anreicherung mit Öl in einem Öler.

8.1 Filter

Fast in jeder Druckluftleitung befinden sich Schmutzteilchen wie z. B. Leitungsrost und Zunder. Dieser Schmutz verursacht, falls er in das Druckluftwerkzeug gelangt, starken Verschleiß. Infolgedessen muß

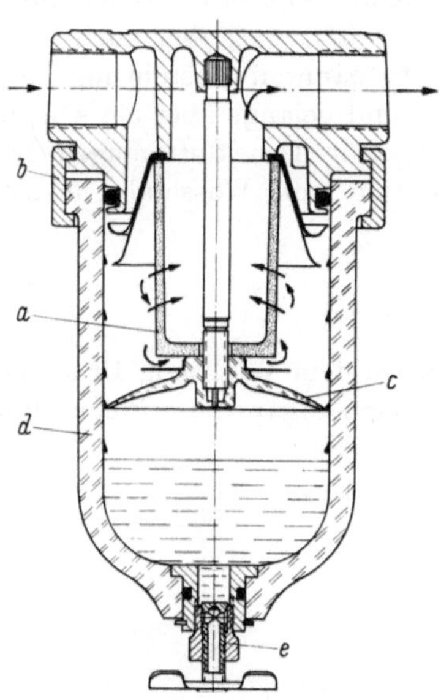

Bild 8.01. Filter für Handentleerung.
a Filtereinsatz; *b* Klemmring; *c* Trennkappe; *d* durchsichtiger Behälter; *e* Ablaßschraube.

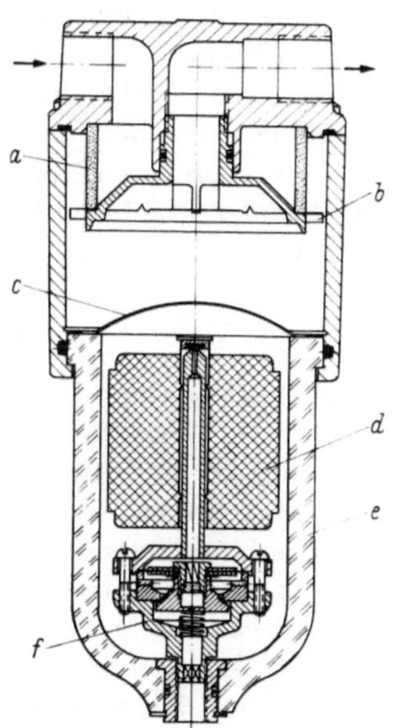

Bild 8.02. Filter für automatische Entleerung.
a Filtereinsatz; *b* Drallblech; *c* Trennkappe; *d* Schwimmer; *e* durchsichtiger Behälter; *f* Ablaßautomat.

durch Vorschalten eines Filters eine Säuberung der Druckluft vorgenommen werden. Außer den genannten Schmutzteilchen führt die Luft Kompressorenöltröpfchen mit, die ein Verharzen der Werkzeuginnenteile bewirken. Ferner kann die Druckluft auch Wasser enthalten, das hinter dem Kompressor infolge der Abkühlung der Luft ausfällt. Wasser verursacht im Werkzeug Korrosion, wodurch wiederum die Funktion des Werkzeuges beeinträchtigt wird. Es ist Aufgabe des Filters, auch dieses

Wasser und das Kompressorenöl auszufiltern. Ein Filter hat demzufolge die Aufgabe,

alle Verunreinigungen, die in der Druckluft enthalten sind, zu entfernen.

Durch die Filterung darf kein nennenswerter Druckabfall eintreten.

Dies setzt voraus, daß die Filterfläche etwa 25- bis 30mal so groß ist, wie die Querschnittsfläche des Rohranschlusses. Es ist zweckmäßig, nur solche Filter zu verwenden, bei denen der Kondensatabsitzraum weit von der durchströmenden Luft entfernt ist, damit eine Aufwirbelung des gesammelten Kondensates vermieden wird. Bei der Auswahl eines Filters muß auch darauf geachtet werden, daß der Filterraum von außen sichtbar ist, damit der Filterverschmutzungsgrad leicht erkennbar ist. Das Reinigen des Filters selbst kann je nach Konstruktion entweder durch das Entfernen eines Gewindestopfens (Bild 8.01), oder aber auch automatisch erfolgen (Bild 8.02). Bei der letztgenannten Ausführung läuft das gespeicherte Kondensat selbsttätig ab und gelangt über ein Ablaufrohr in einen größeren Auffangbehälter. Für Druckluftanlagen mit großem Kondensatanfall ist die Installation von Wasserabscheidern erforderlich.

8.2 Druckminderventil

Es ist Aufgabe eines Druckminderventils, dem Werkzeug Druckluft mit konstantem Druck zuzuführen. Um diese Aufgabe zu erfüllen, muß das Druckminderventil den Luftdruck so weit herabsetzen, daß er unter dem minimal auftretenden Leitungsdruck, dem sog. Primärdruck, liegt. Die Erfahrung hat gezeigt, daß es zweckmäßig ist, den Sekundärdruck auf einen Wert, der noch etwa 10% unter dem Primärdruck liegt, einzustellen. Diese Einstellung gewährleistet auf der Sekundärseite gleichbleibende Druckverhältnisse, so daß sich die im Hauptnetz möglichen Druckschwankungen nicht auf das Werkzeug auswirken können. Eine sorgfältige Druckeinstellung ist in den Fällen erforderlich, in denen Schrauber, die engtolerierte Drehmomente einhalten müssen, eingesetzt sind. Bild 8.03 zeigt einen Längsschnitt durch ein Druckminderventil.

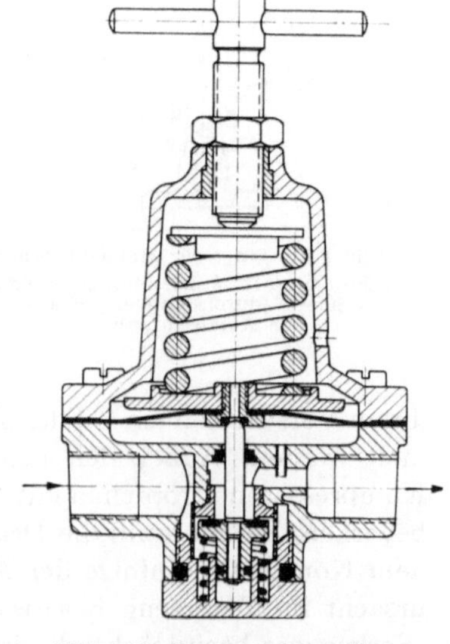

Bild 8.03. Druckminderventil.

8.3 Öler

Die Tatsache, daß Druckluftlamellenmotoren Drehzahlen von über 20000 U/min erreichen, zeigt die Notwendigkeit einer guten Schmierung. Da die Luft alle Teile des Druckluftlamellenmotors erreicht, ist es am einfachsten, das Schmieröl der Druckluft beizugeben, die es dann zerstäubt.

Der Öler (Bild 8.04) besteht aus einem Ölbehälter, aus dem das Öl durch ein Steigrohr in den Strom der Druckluft gelangt und dort zer-

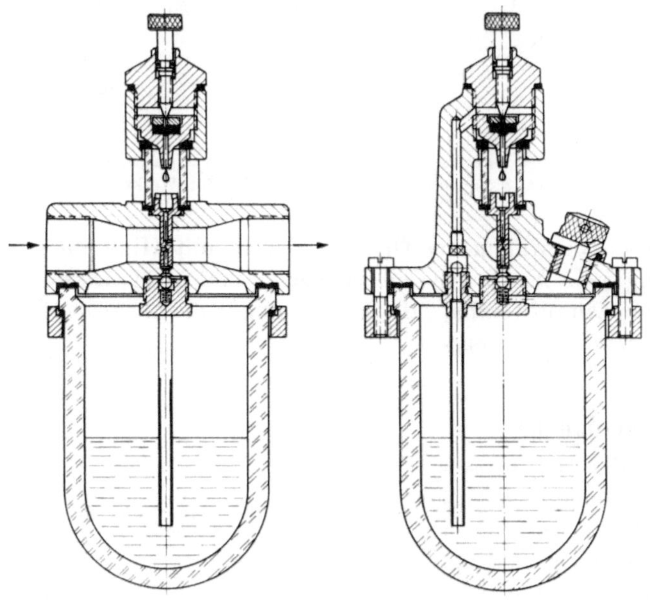

Bild 8.04. Öler.

stäubt wird. Die Zerstäubung muß gründlich erfolgen, um zu gewährleisten, daß das Öl auch tatsächlich bis ins Werkzeug gelangt und nicht bereits vorher etwa an Schlauchverschraubungen o. dgl. ausgefällt wird.

Als Schmiermittel ist ein Öl niedriger Viskosität zu verwenden. Die diesbezüglichen Vorschriften der Werkzeughersteller müssen unbedingt beachtet werden.

Es ist zweckmäßig, Filter, Druckminderventile und Öler als sog. Wartungseinheit zu montieren (Bild 8.05).

Die Anordnung einer solchen Einheit erfolgt z. B. für ein am Fließ-

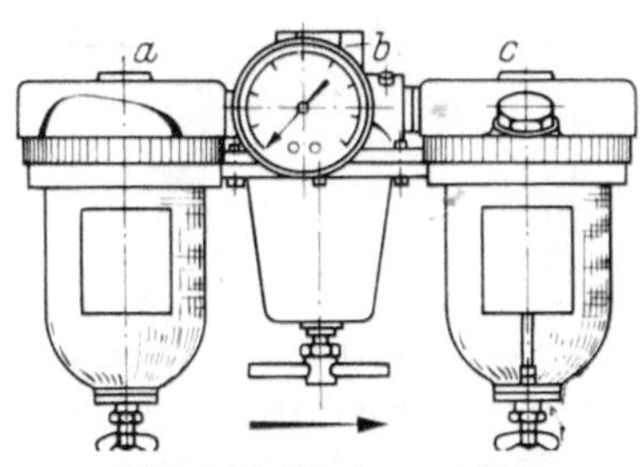

Bild 8.05. Wartungseinheit.
a Filter; *b* Druckminderventil; *c* Öler.

band eingesetztes Werkzeug am günstigsten in der auf Bild 8.06 gezeigten Weise.

Um ein störungsfreies Arbeiten der Druckluftwerkzeuge zu gewährleisten, muß für jedes Werkzeug eine solche Wartungseinheit vorgesehen

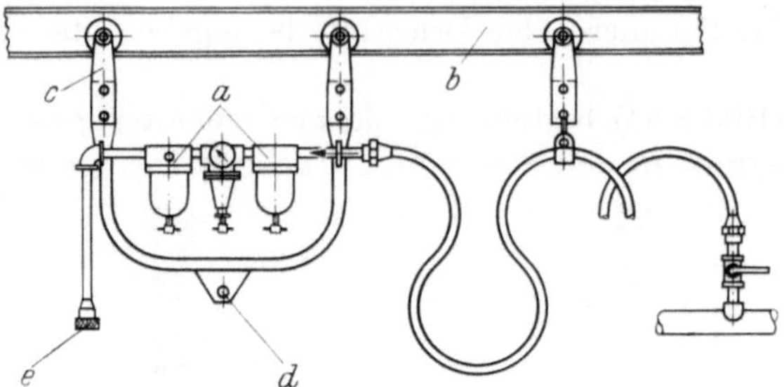

Bild 8.06. Zweckmäßige Installation einer Wartungseinheit.
a Wartungseinheit; *b* Laufschiene; *c* Wagen; *d* Öse für Werkzeugaufhängung; *e* Schlauchsteckkupplung.

werden. Das Nachfüllen der Öler kann z. B. mit Hilfe einer Öleinfülleinrichtung vom Erdboden aus erfolgen (Bild 8.07). Dieses Verfahren ist weniger zeitaufwendig, als das bislang übliche Hinaufsteigen zu hochgelegenen Wartungseinheiten.

8.4 Schläuche

Die Schläuche müssen so kurz wie möglich gehalten werden, um einen nennenswerten Druckabfall auszuschalten. Bild 8.08 zeigt einige Beispiele für die Verlegung der Schläuche. Falls die Schläuche in Bogen von 180 Grad verlegt werden sollen, sind folgende Schlauchmindestlängen erforderlich:

Druckluftschläuche müssen aus ölfestem Material bestehen, so daß der von der durchströmenden geölten

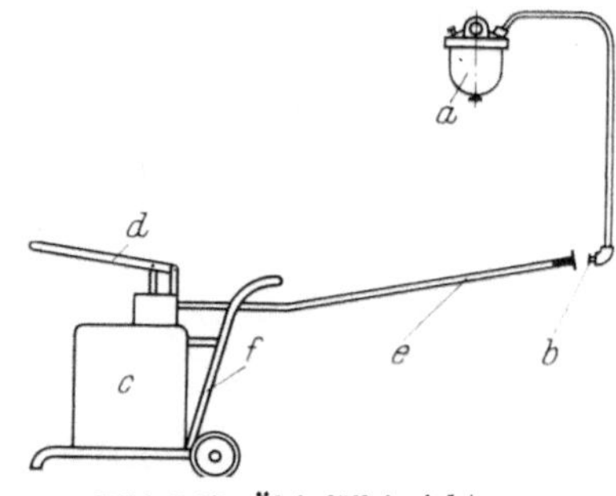

Bild 8.07. Öleinfülleinrichtung.
a Öler; *b* Schnellfüllanschluß; *c* Ölbehälter; *d* Handpumpe; *e* Schlauch; *f* Wagen.

Schlauch-Innendurchmesser (Zoll) mm		Schlauchlänge [mm]
(1/4)	6	380
(3/8)	10	420
(1/2)	13	480
(3/4)	20	600
(1)	25	700

Druckluft verursachte Schlauchabrieb möglichst gering ist und Werkzeugverschmutzung vermieden wird. In jüngster Zeit werden in steigendem Maße Plastikschläuche verwendet, die abriebfrei sind. Auch setzen sich immer mehr selbstaufwickelnde Schläuche durch. Diese haben gegenüber den normalen Schläuchen den Vorteil, daß die Werkzeugbedienungsleute nicht durch herabhängende Schlauchschleifen in ihrer Arbeit behindert werden.

Die Schlaucharmaturen werden meist in die Schläuche eingeschoben und mit Hilfe von Schlauchschellen gesichert. Neuerdings sind auch

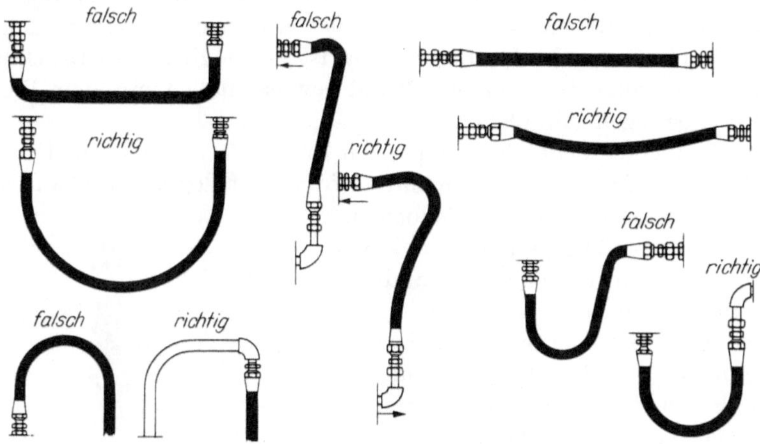

Bild 8.08. Verlegung von Schläuchen.

Schlaucharmaturen auf dem Markt, die in die Schläuche eingepreßt werden und die demzufolge keine zusätzlichen Schellen benötigen.

8.5 Federzüge

Die Praxis zeigt, daß es vorteilhaft ist, Druckluftwerkzeuge an Aufhängevorrichtungen aufzuhängen. Auf Arbeitstischen abgelegte Werkzeuge stellen eine große Unfallgefahr dar, wenn die Druckluftschläuche auf den Boden herabhängen. Der Werkzeugreparaturanfall bei derartigen „Tischablagen" ist so erheblich, daß sich die Anschaffung von Aufhängevorrichtungen lohnt.

Eine geeignete Aufhängevorrichtung ist z. B. der Federzug (Bild 8.09). Dieser trägt das gesamte Werkzeuggewicht, so daß von dem Bedienungsmann bei richtiger Federeinstellung lediglich die Reibung und eine geringe Federvorspannung zu überwinden sind.

Die Federzughersteller haben Federzüge entwickelt, die als Schlauchaufroller ausgebildet sind. Zweck dieser Konstruktion ist es, den Luftschlauch nur so weit vom Federzug

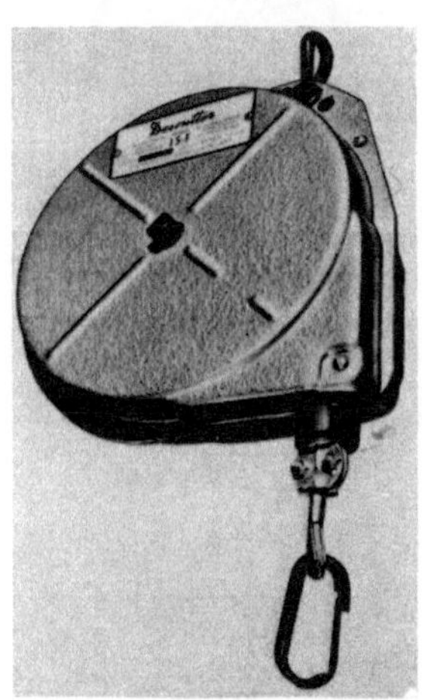

Bild 8.09. Federzug.

freigeben zu lassen, wie es die Arbeit erfordert, so daß der Bedienungsmann ohne große Behinderung durch den Luftschlauch arbeiten kann. Der
Schlauch ist mit einem Drahtgewebe umgeben, das das Werkzeuggewicht
trägt, so daß der Schlauch vom Werkzeug selbst nicht belastet wird.

Werden die Federzüge zum Aufhängen von am Fließband eingesetzten Werkzeugen verwendet, so ist es vorteilhaft, die Züge an
einem Aufhängewagen zu befestigen, der wiederum an einer Schiene
läuft. Durch diese Art der Befestigung ist es möglich, das Druckluftwerkzeug parallel zu dem Fließband gewissermaßen mit dem Werkstück zu bewegen (Bild 8.06).

Die Größe der Federzüge ist je nach Tragkraft verschieden. Es werden Federzüge für Lasten von mehreren hundert Kilogramm gebaut. Die
einzelnen Züge selbst besitzen jedoch nur
eine verhältnismäßig geringe Tragkraft-
spanne, da sonst keine einwandfreie
Federeinstellung möglich ist. Federzüge
werden meist mit einer Sicherheitsbremse
ausgerüstet, die die Aufgabe hat, im
Falle eines Federbruches die Seiltrommel
abzubremsen und ein Durchgehen der
Last zu verhindern.

Das Aufhängen eines Werkzeuges an
einem Federzug hat aber auch Nachteile,
und zwar wenn es sich bei dem Werkzeug
um einen Mehrspindelschrauber mit großem Eigengewicht und großen Abmessungen handelt. Da der Bedienungsmann,
wie oben ausgeführt, die Reibungskraft
und eine gewisse Federvorspannung zu
überwinden hat, kann es vorkommen,
daß die Werkzeugeinsätze des Mehrspin-
delschraubers bei Abwärtsbewegung des
Schraubers eine kurze Zeit lang auf den
Schraubenköpfen bzw. auf den Muttern
drehen, ohne diese zu fassen und mit-
zunehmen. Dieser Nachteil tritt bei
Verwendung eines Drucklufthebezeuges
nicht auf.

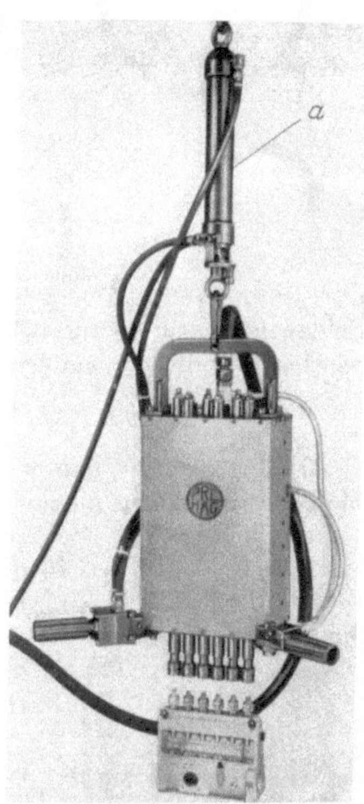

Bild 8.10. Mehrspindelschrauber
mit Hebezeug.
a Hebezeug.

8.6 Hebezeuge

Zum Aufhängen besonders schwerer Druckluftwerkzeuge, z. B.
von Mehrspindelschraubern, eignen sich Drucklufthebezeuge (Bild 8.10).

Diese Hebezeuge gestatten ein schnelles und müheloses Heben und Senken der Werkzeuge.

Ein Drucklufthebezeug besteht im wesentlichen aus einem Druckluftzylinder, an dessen Enden je eine Aufhängeöse befestigt ist. Eingebaute Ventile dienen zum Einstellen der Hubgeschwindigkeiten. Meist werden die Hebezeuge an Aufhängewagen befestigt, die an Laufschienen rollen (Bild 8.06). — Wenn in den Druckluftzylinder Luft einströmt, wird ein Kolben beaufschlagt, an dem eine Kolbenstange befestigt ist, die das Werkzeug trägt. Das Werkzeug wird also gehoben und durch den Luftdruck in der oberen Endstellung gehalten. Wenn das Werkzeug gesenkt werden soll, genügt das Öffnen eines Auslaßventils mit Hilfe eines Druckknopfes. Der Druckluftzylinder ist mit Luftdämpfern ausgerüstet, die den Zweck haben, bei plötzlichem Ausfall der Druckluft ein zu schnelles Absenken des Werkzeuges, wodurch Unfälle und Werkzeugbeschädigungen eintreten können, zu vermeiden.

8.7 Gegengewichte

Falls das Werkstück an einem Tragarm aufgehängt ist bzw. transportiert wird, wie es an einer sog. Power-and-Free-Anlage der Fall ist, muß der Federzug oder das Hebezeug u. U. mit einem Ausleger versehen werden, der an dem einen Ende das Druckluftwerkzeug und an dem anderen Ende ein Gegengewicht trägt.

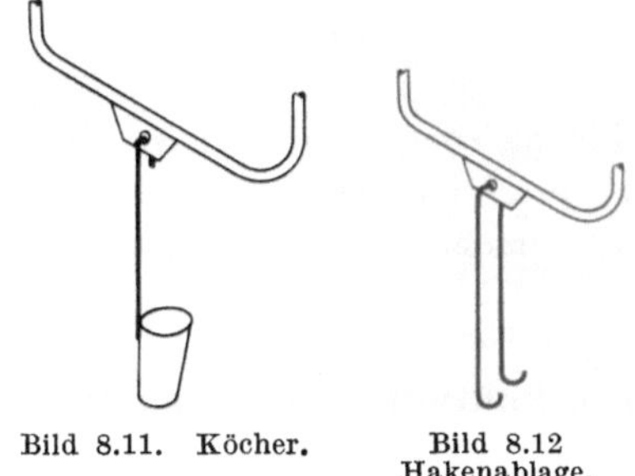

Bild 8.11. Köcher.

Bild 8.12
Hakenablage.

8.8 Werkzeugablagen

Falls Druckluftwerkzeuge für Überkopfarbeiten verwendet werden, ist eine Aufhängung an Federzügen unzweckmäßig. Als Werkzeugablagen werden in solchen Fällen vielfach Köcher (Bild 8.11) oder Hakenablagen (Bild 8.12) verwendet.

8.9 Schlauchkupplungen

Zum schnellen Anschluß und Abbau von Druckluftwerkzeugen haben sich Schlauchsteckkupplungen bewährt (Bild 8.13). Diese können so

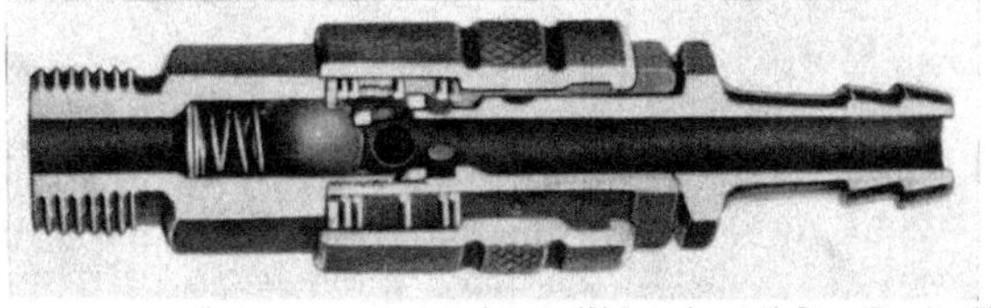

Bild 8.13. Schlauchsteckkupplung.

schnell und leicht wie elektrische Stecker getrennt bzw. wieder verbunden werden. Werden beide Kupplungshälften auseinandergezogen, so schließt sich in der an der Luftleitung verbleibenden Kupplungshälfte selbsttätig ein Ventil, so daß keine Luft mehr ausströmen kann. Erst beim Zusammenstecken der beiden Kupplungshälften wird das Ventil wieder automatisch geöffnet.

9 Inbetriebnahme, Instandhaltung und Reparatur von Druckluftwerkzeugen

Voraussetzung für den wirtschaftlichen Einsatz von Druckluftwerkzeugen ist die Ausarbeitung und Durchführung eines Instandhaltungs- und Reparaturprogramms. Zweck dieses Programms ist es:
die Werkzeuge und ihre Leistung ständig unter Kontrolle zu haben,
Werkzeugschäden frühzeitig zu erkennen, damit größere Reparaturen vermieden werden,
jederzeit eine Übersicht über Störanfälligkeit eines Werkzeugtyps zu haben,
rechtzeitig festzustellen, wann ein Werkzeug so verschlissen ist, daß eine Reparatur kostenmäßig nicht mehr vertretbar ist.

In dieses Programm müssen demzufolge nachstehende Punkte aufgenommen werden:
Inbetriebnahme von Druckluftwerkzeugen,
Instandhaltung und Reparatur von Druckluftwerkzeugen unmittelbar am Einsatzort,
Instandhaltung und Reparatur von Druckluftwerkzeugen in einer zentralen Werkzeugreparaturabteilung,
Richtlinien für die Reparatur von Druckluftwerkzeugen.

9.1 Inbetriebnahme von Druckluftwerkzeugen

Bevor ein Druckluftwerkzeug im Betrieb eingesetzt wird, ist es mit einer Registriernummer zu versehen. Diese Nummer wird entweder durch Einätzen oder Stempeln aufgebracht. Falls die Nummer gestempelt wird, sollte dies auf dem Werkzeuggriff oder an einer anderen dickwandigen Stelle des Werkzeuges erfolgen, um Beschädigungen der Werkzeuginnenteile auszuschalten.

Werkzeug – Reparaturbericht Werkzeug-Reg.-Nr.: ________
________ Type: __________ Grösse: ________ Hersteller: ____ ____

Serien-Nr.: _________ Sonderzubehör: ______ ____________

Geford. Drehm.: __________ Luftverbrauch: _________ Drehzahl: _________
Bemerkungen: _____________________ In Betrieb genommen: ______

Werkzeugreparatur – Kostenübersicht

Datum	Karte Nr.	Eingesetzt in Abteilung	Arbeitsgang	Rep. am	Aufgewendete Arbeitszeit	Materialk.	Bemerkungen

Bild 9.01. Werkzeug-Karteikarte.

Von jedem Druckluftwerkzeug ist eine Karteikarte anzulegen (Bild 9.01), auf der u. a. die Registriernummer, die Werkzeugtype, das Fabrikat, das Sonderzubehör, die Einsatzstelle, das erforderliche Drehmoment, die Drehzahl, der Luftverbrauch und der Tag der Inbetriebnahme einzutragen sind. Die Karte enthält ferner Spalten, in die bei einem Reparaturfall das Datum, die aufgewendete Reparaturzeit und die Materialkosten eingetragen werden. Die Karteikarte ist als Sammeltasche ausgebildet, in der die einzelnen später beschriebenen Reparaturkartenabschnitte aufbewahrt werden.

Ferner muß eine Werkzeugspezifikationskarte ausgestellt werden (Bild 9.02). Diese Karte wird an der Werkzeugeinsatzstelle aufgehängt.

Bei der Inbetriebnahme eines Druckluftwerkzeuges muß überprüft werden, ob alle auf dieser Spezifikationskarte genannten Einrichtungen vorhanden sind und in

Abteilung: __________ ______ Gruppe: _________

Arbeitsgang: ______ __ __ __

Beschreibung: _ _______________
____

Wkzg. Type u. Grösse: __________
Sonderzubehör: ______ __ __ __

Reg.-Nr.: ________ __ __ __
Schlauchdurchmesser u. Länge: _ ______ __
Schlauchanschlüsse: ____ ______ __
Filtergrösse: ________ __ __ __
Grösse des Druckminderventiles: _ ______ __
Druckeinstellung: _ __ __ __
Ölergrösse: ____ __ __ __
Drehzahl: __ __ __ __

Erford. Drehmoment: _ __ __ __
Luftverbrauch: ________ __ __
Art der Aufhängung: ______ (Federzug, Hubzylinder,
Hebezeug) ______ __ __
Zeitraum der Überprüfung: ____ __ __

Bild 9.02. Werkzeug-Spezifikationskarte.

Art und Größe den gemachten Angaben entsprechen. Dann ist das Werkzeug anzuschließen, und die Anschlüsse der Filter, Öler und Schläuche sind auf Dichtheit zu prüfen. Danach müssen das Druckminderventil und der Öler einreguliert werden. Dann wird das Werkzeug eingeschaltet, um die Schmierung zu überprüfen. Zu diesem Zweck wird ein Stück Papier in einer Entfernung von 25 bis 50 mm von den Luftauslaßschlitzen gehalten. Nach einer Laufzeit des Werkzeuges von etwa 30 Sekunden muß bei richtiger Ölereinstellung ein Ölfleck auf dem Papier zu sehen sein. — Weitere Arbeiten sind: Messen des Luftdruckes unmittelbar am Werkzeug mit Hilfe eines Nadelmanometers (Bild 9.03), das in den Luftschlauch gesteckt wird, Drehmoment- und Luftverbrauchsmessung sowie die jeweils erforderlichen Einstellarbeiten.

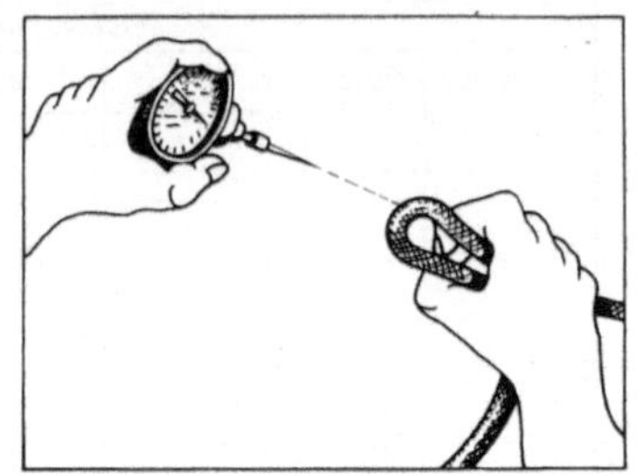

Bild 9.03. Nadelmanometer.

Wenn ein Werkzeug im Betrieb ausfällt, wird durch den zuständigen Meister eine Reparaturkarte (Bild 9.04) ausgestellt. Diese Reparaturkarte, die zugleich Arbeitsauftrag ist, besteht aus drei Teilen: Der sog. Erkennungsabschnitt wird dem Überbringer des defekten Werkzeuges bei der Ablieferung an die zentrale Werkzeugreparaturabteilung als Quittung ausgehändigt. In dem mittleren Abschnitt werden die ein-

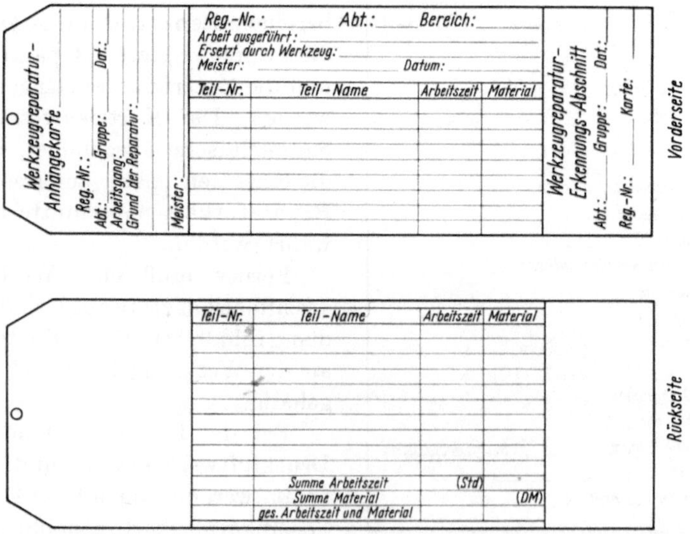

Bild 9.04. Reparaturkarte.

zelnen Arbeiten und angefallenen Reparaturkosten genannt. Dieser Abschnitt wird in der oben angeführten Karteikartentasche aufbewahrt. Der dritte Abschnitt verbleibt bis zur Abholung des Werkzeuges am Werkzeug selbst.

Die aufgezählten Registratur- und Schreibarbeiten werden dem Leser sehr zeitaufwendig, vielleicht sogar überflüssig erscheinen. Die Praxis hat jedoch gezeigt, daß durch diese Arbeiten eine einwandfreie Beurteilung der verschiedenen Werkzeuge hinsichtlich Typenwahl, Störanfälligkeit und Reparaturkosten möglich ist und daß anhand der Ausfallzeiten außerdem auch frühzeitig erkannt werden kann, wann ein Werkzeug so verschlissen ist, daß sich eine Reparatur nicht mehr lohnt. Der Nutzen, der durch dieses Registriersystem gegeben ist, rechtfertigt unbedingt den Kostenaufwand für die zusätzliche Registrierarbeit.

9.2 Instandhaltung und Reparatur von Druckluftwerkzeugen unmittelbar am Einsatzort

Um einen über einen langen Zeitraum störungsfreien Betrieb der Druckluftwerkzeuge zu gewährleisten, ist es erforderlich, in kurzen Zeitabständen Überprüfungen unmittelbar am Einsatzort des Werkzeuges durchzuführen. Die Zeitintervalle für diese Arbeiten sind u. a. von der Beanspruchung des Werkzeuges und der verlangten Genauigkeit z. B. eines Schrauberdrehmomentes abhängig. Infolgedessen können sich z. B. für die an einem Montagefließband eingesetzten Druckluftwerkzeuge unterschiedliche Überprüfungszeiträume ergeben. So kann es notwendig sein, daß einige der eingesetzten Werkzeuge in jeder Schicht überprüft werden müssen, während für andere ein Zeitraum von zwei Schichten und mehr als ausreichend angesehen wird. In solchen Fällen ist es zweckmäßig, die Werkzeuge mit unterschiedlichen Farbanstrichen zu versehen. So mag z. B. ein roter Farbanstrich eine Werkzeugüberprüfung in jeder Schicht bedeuten, während man den grünen Anstrich als Zeichen für die Überprüfung in jeder zweiten Schicht wählt.

Für Werkzeugüberprüfungsarbeiten unmittelbar am Einsatzort ist die Anschaffung eines kleinen Reparaturwagens zu empfehlen, auf dem ein Drehmomentprüfgerät, ein Luftverbrauchsmeßgerät und ein Drehzahlmesser angeordnet sind.

In dem Reparaturwagen sind ferner die für kleinere Reparatur- und Einstellarbeiten notwendigen Handwerkzeuge untergebracht. Ersatzschläuche und Schlauchkupplungen werden ebenfalls mitgeführt. Die Überprüfung der Werkzeuge erfolgt anhand der in Werkzeugnähe angebrachten Werkzeugspezifikationskarten (Bild 9.02). Es ist zweckmäßig, die Überprüfungsarbeiten nach folgendem Schema vorzunehmen:

1. Prüfen, erforderlichenfalls Einstellen des Luftdruckes am Druckminderventil und am Werkzeug selbst.

2. Prüfen, ggf. Einstellen der Leerlaufdrehzahl.

3. Prüfen des Luftverbrauchs.

Die Prüfungen 1 bis 3 müssen während der normalen Betriebszeit durchgeführt werden, damit die tatsächlichen Luftversorgungsbedingungen vorliegen.

4. Prüfen der Werkzeugschmierung. Zu diesem Zweck wird das Werkzeug eingeschaltet und der Ölflecktest durchgeführt, s. Abschn. 9.1.

5. Überprüfen des Luftschlauches, der Schlauchanschlüsse und der sonstigen Armaturen auf Leckstellen. Eventuell vorhandene Leckagen beseitigen.

6. Werkzeug auf äußere Beschädigungen überprüfen. Luftauslaßschlitze auf Sauberkeit prüfen. Diese werden oftmals von den Bedienungsleuten der Werkzeuge mit Klebband zugeklebt, um störende Abluft umzulenken. — Werkzeugeinsätze auf Verschleiß prüfen, Werkzeugventile kontrollieren, Filter, Siebe und Lufteintrittsöffnung reinigen.

7. Aufhängungen, wie Federzüge und Drucklufthebezeuge auf Funktion und äußere Beschaffenheit prüfen. Feststellen, ob Werkzeugablagen wie Köcher, Aufhängevorrichtungen usw. benutzt werden.

9.3 Instandhaltung und Reparatur von Druckluftwerkzeugen in einer zentralen Werkzeugreparaturabteilung

Für umfangreiche Instandhaltungs- und Reparaturarbeiten an Druckluftwerkzeugen ist das Einrichten einer zentralen Werkzeugreparaturabteilung zweckmäßig. Es ist Aufgabe dieser Abteilung

1. die Überprüfung der eingesetzten Druckluftwerkzeuge in bestimmten Zeiträumen durchzuführen. Die Zeitintervalle richten sich nach den Betriebsstunden und nach der Arbeit, die mit dem Werkzeug verrichtet wird,

2. anfallende Reparaturen auszuführen,

3. Instandhaltungs- und Reparaturarbeiten am Einsatzort des Werkzeuges durchzuführen, s. Abschn. 9.2.

Die Reparaturabteilung muß über geeignete Maschinen und Werkzeuge verfügen, um die Instandhaltungs- und Reparaturarbeiten durchführen zu können. Meist geben die Hersteller der Druckluftwerkzeuge Hinweise, welche Werkzeuge und Einrichtungen für die einzelnen Reparaturarbeiten notwendig sind.

Der Reparaturraum muß ferner mit Prüfgeräten ausgerüstet sein, wie Drehmomentprüfgerät (Bild 9.05), Drehzahlmesser, Luftmengenmesser, Manometer usw. Weiterhin ist die Lagerung von Ersatzteilen erforderlich, damit defekte Werkzeuge schnellstens wieder einsatzbereit gemacht werden können.

Vor Auswahl der erforderlichen Ersatzteile ist es zweckmäßig, von den Herstellern der Druckluftwerkzeuge Verschleißteillisten anzufordern. Aus diesen Listen ist ersichtlich, welche Werkzeugteile in erster Linie verschleißen und demzufolge als Ersatzteile vorrätig sein müssen.

Die Reparaturabteilung muß ferner über Austauschwerkzeuge verfügen, damit bei der Ablieferung eines reparaturbedürftigen Werkzeuges dem Überbringer jeweils eines dieser Austauschwerkzeuge ausgehändigt werden kann.

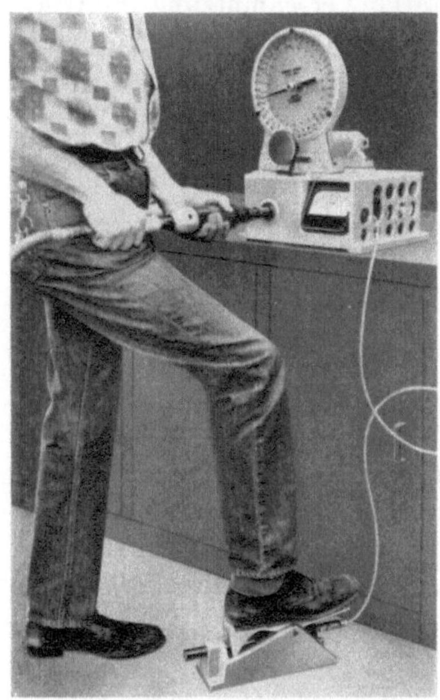

Bild 9.05. Drehmomentprüfgerät und Drehzahlmesser.

9.4 Richtlinien für die Reparatur von Druckluftwerkzeugen

Als Grundsatz für Reparaturen an Druckluftwerkzeugen gilt: Eine Reparatur, die kostenmäßig 50 % des Werkzeugpreises übersteigt, ist unwirtschaftlich. In solchen Fällen ist das defekte Werkzeug durch ein neues zu ersetzen.

Für die Überprüfung und Reparatur der Werkzeuge werden von den Herstellern entsprechende Anweisungen bzw. Empfehlungen gegeben.

Die Ursache für Werkzeugausfall liegt häufig in unzureichender Werkzeugschmierung. Das zur Schmierung der Druckluftlamellenmotoren verwendete Öl hat verschiedene Aufgaben, und zwar:

Bilden eines Schmierfilms zwischen allen sich berührenden und bewegenden Teilen,
Abführen von Wasser,
Abdichten der Spalte zwischen Rotorlamellen und Zylinderlaufbahn,
Beseitigung von Schmutzteilchen,
Vermeiden von Rostbildung.

Mangelhafte Schmierung eines Lamellenmotors macht sich zunächst durch Abfall der Drehzahl und des Drehmomentes bemerkbar. Gleichzeitig tritt eine Erhöhung der Reibungswärme ein, die wiederum ein Verbrennen und Ausbröckeln der Rotorlamellendichtkanten zur Folge hat. Zum gleichen Zeitpunkt tritt starker Verschleiß an der Zylinderlaufbahn ein, es kommt zu sog. Freßerscheinungen.

Bei Überprüfungsarbeiten an Druckluftwerkzeugen müssen die Rotorlamellen ganz besonders gewissenhaft überprüft werden. Grundsätzlich sind die Lamellen zu vermessen. Verschleiß an den langen Dichtkanten läßt auf Ölmangel schließen. Starke Verschmutzung im Werkzeuginneren ist ebenfalls auf mangelhafte Schmierung zurückzuführen. Sie kann aber auch ein Zeichen für defekte Siebe und Filter sein. — Besondere Aufmerksamkeit muß auch den Kugellagern gewidmet werden. Falls ein Spindellager verschlissen ist, so ist nicht nur dieses auszutauschen, sondern auch das Lager am anderen Ende der Spindel. Kupplungsteile von Drehschraubern und die Schlagelemente von Schlagschraubern sind starker Beanspruchung ausgesetzt. Infolgedessen ist auch der Verschleiß relativ hoch. Eine Prüfung und Vermessung dieser Teile ist ebenfalls anzuraten.

Oftmals werden — wenn Originalersatzteile nicht verfügbar sind — in eigenen Werkstätten gefertigte Einzelteile in Druckluftwerkzeuge eingebaut. Auch hierin liegt häufig die Ursache für einen erhöhten Werkzeugausfall. Als Ersatzteile werden auch Teile aus unbrauchbar gewordenen und ausgeschlachteten Werkzeugen verwendet. Eine Wiederverwendung solcher Einzelteile sollte aber unbedingt auf z. B. Gehäusegriffe, Abzugbügel, Spannfutter u. dgl. beschränkt bleiben.

Nach erfolgter Werkzeugreparatur muß die Leistung des Werkzeuges überprüft werden. Die Leistung eines reparierten Werkzeuges sollte mindestens 80% der Leistung eines neuen Werkzeuges betragen.

10 Vor- und Nachteile von Druckluft- und Elektrowerkzeugen

Nachstehend sind die Vor- und Nachteile von Druckluft- und Elektrowerkzeugen, insbesondere von sog. Schnellfrequenzwerkzeugen (150, 200 und 300 Hz) gegenübergestellt (Bild 10.01).

10.1 Nachteile Druckluft

Hohe Energiekosten. Wie später an einem Beispiel gezeigt wird, betragen die Energiekosten der Druckluft ein Vielfaches der Kosten für elektrischen Strom. Die Druckluftkosten werden durch viele Faktoren

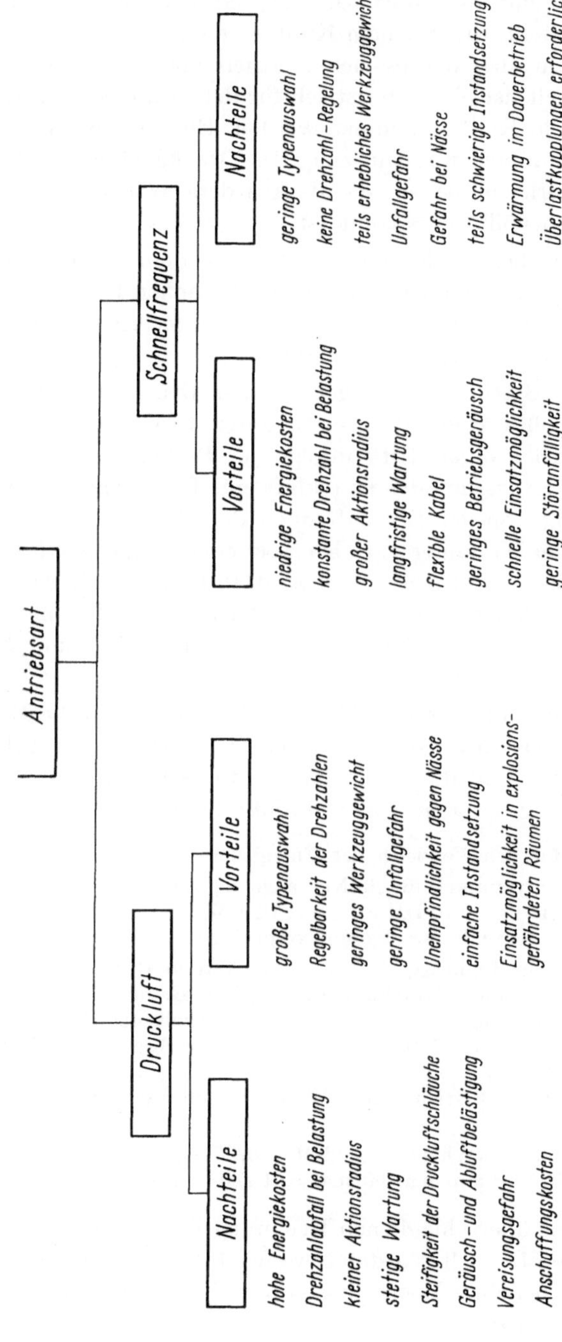

Bild 10.01. Vor- und Nachteile von Druckluft- und Schnellfrequenzwerkzeugen.

ungünstig beeinflußt. So ist bekannt, daß bei der Kompression der Luft Wärme entsteht, die in einem Kühlprozeß abgeführt werden muß. Diese Wärmeabfuhr, bei der es sich letztlich um Verlust von Kompressorarbeit handelt, ist charakteristisch für den Kompressorbetrieb und muß demzufolge in Kauf genommen werden. Ein weiterer Verlust besteht in nur unvollkommener Ausnutzung des Druckgefälles der komprimierten Luft im Werkzeug selbst, da die aus dem Werkzeug austretende sog. Abluft nicht völlig entspannt ist.

Zwischen beiden Extrempunkten — dem Kompressor und dem Werkzeug — liegen aber noch andere Ursachen für den hohen Energieverbrauch. Dazu zählen zunächst die Druckverluste, die in den Rohrleitungen und den Armaturen auftreten.

Für den Betrieb nur einiger weniger Druckluftwerkzeuge muß bereits ein großes Rohrleitungsnetz unter Druck gehalten werden. Bei langen Rohrleitungen tritt infolge der Reibung eine Erwärmung und damit eine Expansion der Druckluft ein. Die Größe des Druckverlustes ist abhängig von der Beschaffenheit der Rohrinnenwand. Der Verlust ist bei rauher Wandung, z. B. bei Rost oder an Nahtstellen mit Schweißperlen größer, als in Rohren mit glatter Innenwand. Aber auch Armaturen, wie Rohrverschraubungen, Krümmer, Manometer, Regulierventile, Öler, Filter, Wasserabscheider, Flansche und Nippel verursachen Druckverluste.

Das Kostenbild für Druckluft wird ferner durch die Kosten für das Kühlwasser (Kompressor mit Wasserkühlung), etwa 0,1 Pf/Nm³ angesaugter Luft und durch die Kosten für Schmieröl, etwa 0,01 Pf/Nm³ angesaugter Luft nachteilig beeinflußt [1].

Beispiel für den Vergleich der Energiekosten Druckluft elektrischer Strom:
Annahme: Strompreis für ein Nm³ angesaugte Luft, die auf 6 atü zu verdichten ist, bei Stromkosten 0,10 DM/kWh = 0,01 DM.
Es werden folgende Handbohrer verglichen:

1. Antrieb Schnellfrequenz, Bohrleistung 23 mm Durchmesser, Drehzahl 470 U/min, Leistungsaufnahme 1700 W, Frequenz 200 Hz.	2. Antrieb Druckluft, Bohrleistung 23 mm Durchmesser, Drehzahl 450 U/min, Luftverbrauch 1,75 Nm³/min.

Der pausenlose Betrieb beider Werkzeuge über eine Stunde bringt folgendes Kostenverhältnis:
Schnellfrequenz 1,7 kWh mal 0,10 DM = 0,17 DM,
Druckluft 1,75 Nm³/min mal 60 mal 0,01 DM = 1,05 DM.

Bei dieser überschläglichen Rechnung verhalten sich also die Stromkosten zu den Druckluftkosten etwa wie 1:6. Etwa das gleiche Verhältnis wurde auch bei einer Energiekostenberechnung für Werkzeuge im Stahlbau ermittelt [3].

Es muß besonders hervorgehoben werden, daß es sich bei diesem Zahlenverhältnis um keinen allgemein gültigen Wert handelt. Die Energiekosten werden in jedem Betrieb verschieden sein. In obigem Beispiel sind auch u. a. nicht die Wirkungsgrade der Werkzeuge, die Rohrleitungsverluste und die Verluste im Frequenzwandler berücksichtigt.

Drehzahlabfall bei Belastung. Die Drehzahl der Druckluftwerkzeuge sinkt mit steigender Belastung. Derartige Drehzahlschwankungen wirken sich nachteilig auf Schneidwerkzeuge, z. B. auf Bohrer, aus. Bei der Auswahl geeigneter Schleifscheiben ist die Leerlaufdrehzahl des Werkzeuges maßgebend für die Schleifscheibenumfangsgeschwindigkeit.

Kleiner Aktionsradius. Druckluftwerkzeuge besitzen einen kleinen Aktionsradius. Die Schläuche können nicht beliebig lang ausgeführt werden, da dadurch die Werkzeuge unhandlich werden und ein starker Abfall des Luftdruckes eintritt.

Stetige Wartung. Druckluftwerkzeuge werden mit Ölern installiert, die einen über einen langen Zeitraum störungsfreien Betrieb gewährleisten sollen. Diese Öler müssen jedoch in bestimmten Zeitabständen nachgefüllt werden. Diese Arbeiten und die dadurch entstehenden Kosten sollten bei einem Energiekostenvergleich zwischen Druckluft und elektrischem Strom unbedingt berücksichtigt werden.

Steifigkeit der Druckluftschläuche. Die steifen Druckluftschläuche erweisen sich oftmals als störend. Die Schläuche können jedoch nur bis zu einem gewissen Grade flexibel ausgeführt werden, um ein Abknicken zu vermeiden, das wiederum zu einem Druckverlust führt.

Geräusch- und Abluftbelästigung. Druckluftwerkzeuge verursachen ein oftmals störendes Betriebsgeräusch. Einige Werkzeughersteller haben bereits durch geeignete Abluftblenden oder aber auch durch Schalldämpfer das Betriebsgeräusch so dämpfen können, daß es von dem Bedienungspersonal nicht mehr beanstandet wird. Auch die aus den Auslaßschlitzen austretende Abluft kann durch Blenden so gelenkt werden, daß eine Belästigung der in unmittelbarer Werkzeugnähe arbeitenden Personen vermieden wird, s. Abschn. 11.

Vereisungsgefahr. Werkzeugvereisungen werden häufig bei kühler Witterung auf Baustellen beobachtet und rühren von der Expansion der Druckluft her.

Anschaffungskosten. Bei den in deutschen Betrieben eingesetzten Druckluftwerkzeugen handelt es sich vielfach um Werkzeuge amerikanischer oder englischer Hersteller. Diese Werkzeuge sind teils importiert, teils in Lizenz in Deutschland gefertigt. Folglich liegt der Preis auch häufig über dem der Elektrowerkzeuge vergleichbarer Leistung.

10.2 Vorteile Druckluft

Große Typenauswahl. Hier liegt der eigentliche Grund dafür, daß die Druckluftwerkzeuge besonders im Automobil-, Maschinen-, Apparate- und Flugzeugbau, in der Radio-, Elektro- und in der holzverarbeitenden Industrie im Vormarsch sind. Ein Vergleich der zur Auswahl stehenden Druckluftwerkzeugtypen mit den verfügbaren Schnellfrequenzwerkzeugen ist unvollkommen, wenn nur die Erzeugnisse des Inlandes betrachtet werden. Gerade in jüngster Zeit werden auf dem deutschen Markt Werkzeugkonstruktionen amerikanischer und englischer Firmen angeboten. Die bestehenden Absatzmöglichkeiten veranlaßten zudem einige inländische Firmen, diese Typen in Lizenz herzustellen.

Demzufolge stehen heute dem Verbraucher Druckluftwerkzeuge in sehr reicher Auswahl und in den verschiedensten Ausführungsformen zur Verfügung.

Regelbarkeit der Drehzahlen. Die Drehzahlen der Druckluftwerkzeuge sind in gewissen Grenzen regelbar. Das Einstellen erfolgt durch Drosselung der Druckluft. Dadurch ist es möglich, z. B. einen Handbohrer mit der für das Bohrwerkzeug günstigsten Schnittgeschwindigkeit arbeiten zu lassen.

Geringes Werkzeuggewicht. Druckluftwerkzeuge besitzen meist ein geringeres Gewicht und kleinere Abmessungen als Schnellfrequenzwerkzeuge vergleichbarer Leistung.

Geringe Unfallgefahr. Der Betrieb von Druckluftwerkzeugen birgt keine ausgesprochenen Unfallgefahren, vorausgesetzt, daß das für den jeweiligen Verwendungszweck richtige Werkzeug bzw. das richtige Einsteckwerkzeug verwendet wird. Die Druckluftschläuche müssen jedoch in regelmäßigen Zeitabständen auf Quetschstellen überprüft werden.

Unempfindlichkeit gegen Nässe. Druckluftwerkzeuge sind gegen Nässe unempfindlich. Dadurch können sie für alle im Baustellenbetrieb vorkommenden Arbeiten verwendet werden.

Einfache Instandsetzung. Zur Instandsetzung von Druckluftwerkzeugen sind keine Spezialkenntnisse erforderlich.

Einsatzmöglichkeit in explosionsgefährdeten Räumen. Diese Eigenschaft sichert den Druckluftwerkzeugen eine Vormachtstellung im Bergbauuntertagebetrieb und in Lackierbetrieben.

10.3 Vorteile Schnellfrequenz

Niedrige Energiekosten. Hierüber wurden bereits Ausführungen im Abschn. 10.1 gemacht.

Konstante Drehzahl. Die Drehzahl der Schnellfrequenzwerkzeuge fällt bei Belastung nur unwesentlich ab. Der Drehzahlabfall beträgt bei Nennleistung etwa 5% (Bild 10.02).

Großer Aktionsradius. Durch Verwendung von Stromschienen und Stromabnehmerwagen erhalten die Werkzeuge einen großen Aktionsradius bei minimaler Kabellänge.

Langfristige Wartung. Nach etwa 6- bis 12monatigem Betrieb — der Zeitraum ist u. a. abhängig von der Betriebsstundenzahl — ist eine Überprüfung der Werkzeuge erforderlich. Zu den Wartungsarbeiten gehören das Säubern der Luftschlitze, die Staubbeseitigung an Rotor und Stator, Überprüfung der Kabel und Schalter, Säuberung des Getriebes und der Lager mit anschließendem Abschmieren.

Flexible Kabel. Diese ermöglichen dem Bedienungsmann ein weitgehend behinderungsfreies Arbeiten. Bei Verwendung von Stromschienen und Stromabnehmerwagen können die Werkzeugkabel sehr kurz gehalten werden.

Geringes Betriebsgeräusch. Das Betriebsgeräusch der Schnellfrequenzwerkzeuge rührt hauptsächlich von dem zur Kühlung der Wicklung eingebauten Lüfter her und ist gering. Auch die aus den Lüftungsschlitzen austretende Kühlluft wird nur selten als störend empfunden.

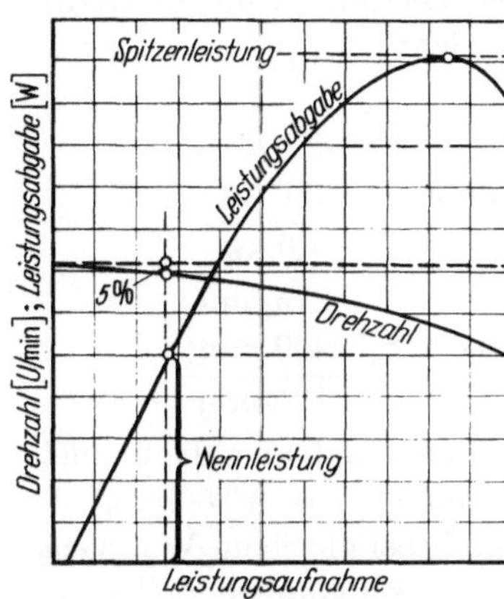

Bild 10.02. Drehzahlverhalten von Schnellfrequenzwerkzeugen bei Belastung.

Geringe Störanfälligkeit. Die Frage, welches Werkzeug störanfälliger ist, das Druckluft- oder das Schnellfrequenzwerkzeug, ist nur schwer zu beantworten. Werden lediglich die Antriebsmotore miteinander verglichen, so zeigt sich der Elektromotor dem Druckluftlamellenmotor durchaus gleichwertig, wenn nicht sogar überlegen.

10.4 Nachteile Schnellfrequenz

Geringe Typenauswahl. Die Hersteller von Schnellfrequenzwerkzeugen beschränken ihr Programm auf einige wenige Standardtypen. Sonderbauformen wie Winkel-, Ratschen-, Flachkopf- und Mehrspindelschrauber fehlen fast gänzlich.

Keine Drehzahlregelung. Die Drehzahl der Schnellfrequenzwerkzeuge ist nicht verstellbar. Somit muß bei der Anschaffung dieser Werkzeuge eine besonders sorgfältige Auswahl erfolgen.

Teils erhebliches Werkzeuggewicht. Schnellfrequenzwerkzeuge besitzen oft ein größeres Eigengewicht als Druckluftwerkzeuge vergleichbarer Leistung. Das Gewicht spielt dann eine besondere Rolle, wenn das Werkzeug für Überkopfarbeiten benutzt wird, also nicht an

Aufhängevorrichtungen wie Drucklufthebezeugen und Federzügen aufgehängt werden kann. Nachstehende Aufstellung soll die Gewichtsdifferenz veranschaulichen:

Der Vergleich bezieht sich auf einen Schnellfrequenzschrauber und einen Druckluftschrauber, das Drehmoment beträgt max. 3,5 mkp, Drehzahl der Abtriebsspindel 800 U/min bei Leerlauf, Umkehrschalter für Rechts- und Linkslauf, Frequenz des Schnellfrequenzwerkzeuges 200 Hz.

Gewicht des Druckluftschraubers	2,6 kg
Gewicht des Schnellfrequenzschraubers	3,6 kg
Differenz	1,0 kg
Länge des Druckluftschraubers	275 mm
Länge des Schnellfrequenzschraubers	400 mm
Differenz	125 mm

Zufolge der ungünstigen Gewichtsverhältnisse empfehlen die Schnellfrequenzwerkzeughersteller ihren Kunden vielfach eine Erhöhung der Frequenz von z. B. 150 auf 200 Hz, da dadurch bei gleichem Werkzeuggewicht eine größere Leistung infolge Drehzahlerhöhung erzielbar ist. Die Erhöhung der Frequenz und die damit verbundene Drehzahlsteigerung dürfen aber nur unter Berücksichtigung der verwendeten Einsteckwerkzeuge erfolgen, da z. B. bei Schleifscheiben sonst die Umfangsgeschwindigkeit unzulässig hoch werden kann.

Unfallgefahr. Es ist zwischen einer elektrischen und einer mechanischen Unfallgefahr zu unterscheiden. Durch Beachtung der einschlägigen Vorschriften über Installation und Überprüfung der Werkzeugkabel kann die elektrische Unfallgefahr gemindert werden. Führende Werkzeughersteller weisen darauf hin, daß in den letzten 30 Jahren trotz des Einsatzes von mehreren 100000 Werkzeugen in verschiedenen europäischen Betrieben kein tödlicher Unfall, der auf ein Schnellfrequenzwerkzeug zurückzuführen ist, bekannt wurde.

Die mechanische Unfallgefahr liegt in der Möglichkeit des plötzlichen Herumschlagens des Werkzeuges bei Erreichung der Leistungsgrenze als Folge der Charakteristik des Antriebmotors. Bei Schraubern erweisen sich eingebaute Kupplungen, die bei Überlast ausrasten, als Unfallschutz. Unfallgefährdet sind jedoch Arbeiten mit Bohrmaschinen.

Teils schwierige Instandsetzung. Für Instandsetzungsarbeiten am elektrischen Teil eines Schnellfrequenzwerkzeuges sind häufig besondere Fachkenntnisse erforderlich. Die Werkzeughersteller empfehlen ihren Kunden, derartige Reparaturarbeiten durch die Herstellerwerke ausführen zu lassen.

Erwärmung im Dauerbetrieb. Die Erwärmung der Schnellfrequenzwerkzeuge im Dauerbetrieb wird häufig als störend empfunden. Es ist oftmals zweckmäßig, zwischen der Bearbeitung der einzelnen Werkstücke die Werkzeugmotoren weiterlaufen zu lassen, damit die eingebauten Werkzeuglüfter für Kühlung sorgen.

Überlastkupplungen erforderlich. Schnellfrequenzwerkzeuge zum Anziehen von Schrauben und Muttern werden mit Überlastkupplungen ausgerüstet, die nicht nur die Aufgabe des Unfallschutzes haben, sondern die auch den Motor vor Überlastung schützen und die Einhaltung des erforderlichen Schraubenanzugsmomentes gewährleisten sollen. Naturgemäß sind solche Kupplungen starkem Verschleiß ausgesetzt.

Versucht man, bei der Auswahl eines Werkzeuges die Vor- und Nachteile der einen Antriebsart gegen die der anderen abzuwägen, so wird es schwer fallen, das für den jeweils vorliegenden Bedarfsfall richtige Werkzeug zu finden. In der Praxis hat sich folgendes Beurteilungssystem ergeben:

Grundsätzlich wird wegen der geringen Energiekosten der Einsatz von Schnellfrequenzwerkzeugen angestrebt. Jedoch wird, wenn das Lieferprogramm der Schnellfrequenzwerkzeughersteller für den vorliegenden Bedarfsfall kein geeignetes Werkzeug bietet, ein Druckluftwerkzeug eingesetzt. Dieser Fall wird nun sehr häufig eintreten, da die Schnellfrequenzwerkzeughersteller, wie bereits ausgeführt, nur Standardwerkzeuge liefern.

Selbst wenn dieses oder jenes Schnellfrequenzwerkzeug für einen vorliegenden Bedarfsfall geeignet wäre, wird u. U. auf die Anschaffung dieses Werkzeuges verzichtet und statt dessen ein Druckluftwerkzeug eingesetzt, um nicht, falls bereits Druckluftwerkzeuge im Einsatz sein sollten, Werkzeuge mit zweierlei Antriebsarten zu verwenden. Darin liegt nun u. a. auch die Tatsache begründet, daß die Anzahl der in der Automobilfertigung, im Maschinen-, Apparate- und Flugzeugbau, in der Elektro-, Rundfunk- und in der holzverarbeitenden Industrie eingesetzten Druckluftwerkzeuge ständig steigt.

11 Möglichkeiten zur Senkung des Betriebsgeräusches von Druckluftwerkzeugen

Das Betriebsgeräusch der Druckluftwerkzeuge wird häufig von den Bedienungsleuten und von den in unmittelbarer Werkzeugnähe beschäftigten Arbeitskräften beanstandet. Es ist zwischen zwei auf verschiedene Weise verursachten Geräuschen zu unterscheiden, und zwar

1. dem Geräusch, das die aus den Luftauslaßschlitzen austretende Abluft verursacht. Dieses Geräusch rührt von der im Werkzeuginneren nicht völlig entspannten Luft her, die erst bei Verlassen des Werkzeuges entspannt wird.

2. dem Geräusch, das z. B. von den ausrastenden Kupplungshälften der Drehschrauber mit einfacher und doppelter Rutschkupplung, von den Schlagwerken der Schlagschrauber oder aber von den Schlagmechanismen der Drucklufthämmer herrührt.

Zu 1. Die Werkzeughersteller haben Zusatzeinrichtungen entwikkelt, die geeignet sind, das Geräusch der sich ausdehnenden Abluft zu mindern. So gibt es beispielsweise Einsätze aus Sinterbronze, die in die für die Abluft vorgesehene Austrittsöffnung eingeschraubt werden (Bild 2.40).

Andere Werkzeughersteller empfehlen, an der Abluftaustrittsöffnung einen Schlauch zu befestigen (Bild 11.01), durch den die Abluft zu

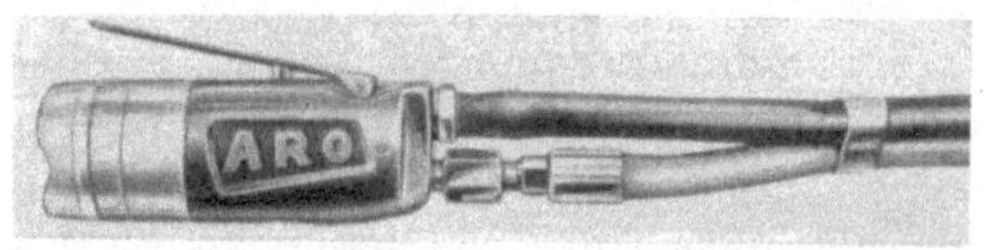

Bild 11.01. Druckluftwerkzeug mit Abluftschlauch.

einem zentral gelegenen Schalldämpfer strömt, um darin entspannt zu werden. Durch den zusätzlichen Abluftschlauch wird jedoch die Handlichkeit des Werkzeuges beeinträchtigt. Beide Konstruktionen, der Einsatz aus Sinterbronze und der Abluftschlauch, setzen voraus, daß die Abluft durch eine mit Gewinde versehene Austrittsöffnung gelenkt wird. Werkzeuge mit drehbar angeordneten Abluftblenden sind für die Verwendung beider Geräuschdämpferarten ungeeignet.

Eine Geräuschminderung an Blasdüsen ist z. B. dadurch möglich, daß anstelle der einen sonst üblichen Druckluftaustrittsöffnung in dem Mundstück mehrere kleine Düsenbohrungen angebracht werden.

Zu 2. Eine Minderung des durch Rutschkupplungen und Schlagwerke hervorgerufenen Betriebsgeräusches ist oftmals durch Abschirmung des Werkstückes selbst möglich. Ist z. B. an einem aus Blech gefertigten Gehäuse ein Deckel aufzunieten und ist für diese Arbeit ein Druckluftniethammer vorgesehen, so kann das beim Nieten entstehende Geräusch durch die Schallabstrahlung des Blechgehäuses für den Bedienungsmann und seine Umgebung unzumutbar stark werden. In solchen Fällen ist eine Geräuschminderung u. U. dadurch möglich, daß das Werkstück während des Nietens auf eine mit Schaumgummi belegte Vorrichtung aufgesetzt wird.

6*

12 Auswahl und Beschaffung von Druckluftwerkzeugen

Die Auswahl von Druckluftwerkzeugen muß mit besonderer Sorgfalt geschehen, um beim späteren Betriebseinsatz den größtmöglichen Nutzeffekt zu erzielen. Da Druckluftwerkzeuge im Vergleich zu Werkzeugmaschinen sehr billig sind, wird ihnen oftmals nicht die erforderliche Aufmerksamkeit bei der Auswahl und im Einsatz geschenkt. Wie wichtig jedoch in wirtschaftlicher Hinsicht eine sorgfältige Auswahl und Erprobung der Werkzeuge ist, geht daraus hervor, daß namhafte Automobilfabriken bereits heute Technikergruppen eingesetzt haben, die mit der Erprobung der Druckluftwerkzeuge und mit der Ausarbeitung von Richtlinien für die Anschaffung und den Einsatz der Werkzeuge beauftragt sind. Diese Gruppen veröffentlichen in regelmäßigen Zeitabständen entsprechende Erfahrungsberichte.

Für die Auswahl eines Druckluftwerkzeuges sind nicht nur die Werkzeugeigenschaften maßgebend, es sind vielmehr eine ganze Reihe anderer Faktoren entscheidend. Nach welchen Gesichtspunkten z. B. ein Schrauber ausgesucht werden muß, soll anhand nachstehender Fragen veranschaulicht werden:

1. Welche Schrauben oder Muttern werden an dem zu verschraubenden Werkstück verwendet, Abmessungen usw. nach DIN?

2. Wird der Schrauber zum Anziehen und/oder zum Lösen der unter (1) genannten Verbindungselemente verwendet?

3. Wie ist das Gewinde, links- oder rechtssteigend?

4. Wieviel Schrauben oder Muttern sollen in einem Arbeitsgang angezogen bzw. gelöst werden?

5. Wie hoch ist das verlangte Anzugsmoment?

6. Wie hoch ist die verlangte Genauigkeit des Anzugsmomentes?

7. Soll das Anzugsmoment durch einstufiges oder zweistufiges Anziehen erreicht werden?

8. In welcher Reihenfolge sollen die Schrauberspindeln arbeiten, z. B. von innen nach außen, über Kreuz?

9. Welche Schrauberart soll verwendet werden, Direktantrieb einfache Rutschkupplung, doppelte Rutschkupplung? Trennkupplung? Winkelschrauber mit ein- oder doppelseitiger Spindel?

10. Sind Schraubensicherungen wie Federringe, Zahnscheiben u. dgl. vorgesehen?

11. Sind zwischen den zu verschraubenden Werkstücken z. B. Weichdichtungen angeordnet?

12. Sind die Schrauben oder Muttern oberflächenbehandelt, z. B. verzinkt oder eingeölt?

13. Wie sind die Schrauben oder Muttern angeordnet, Stichmaß, Lochbild?

14. Wie ist die Zugänglichkeit? Sind Steckschlüsseleinsätze in Überlänge erforderlich? Werden Kardangelenke benötigt?

15. Wie ist die Schlüsselfreiheit gemessen im Radius vom Mittelpunkt der Schraube bzw. Mutter?

16. Ist der Schrauber nur für einen Schraubfall vorgesehen oder soll er für Werkstücke mit verschiedenen Lochbildern verwendet werden? Sollen die Spindelabstände verstellbar sein oder wird der Schrauber z. B. einmal zum Anziehen von sechs Schrauben, zum anderen für das Anziehen von vier Schrauben benötigt (abschaltbare Spindeln)?

17. Kann das Lochbild um den eigenen Mittelpunkt verdreht sein (wie es z. B. beim Anschrauben eines PKW-Rades vorkommt)? Um wieviel Grad soll der Schrauber demzufolge schwenkbar sein?

18. Wie soll der Werkzeugeinsatz beschaffen sein (Magneteinsätze, selbstöffnende Stehbolzentreiber)?

Die weiteren Fragen beziehen sich auf die Installation des Schraubers und auf den Arbeitsplatz, z. B.:

19. Wie hoch ist der Minimumluftdruck an der Einsatzstelle des Werkzeuges?

20. Wie sind die Luftverhältnisse, sind z. B. Wasserabscheider im Rohrsystem vorhanden?

21. Wie soll der Schrauber aufgehängt werden, Spindel vertikal oder horizontal?

22. Wie sollen die Handgriffe angeordnet sein?

23. Wie wird der Schrauber aufgehängt, Federzug, Drucklufthebezeug?

24. Sind Ausgleichsgewichte zum Ausbalancieren des Schraubers erforderlich?

25. Wie ist die Arbeitshöhe gemessen von Oberkante Flur?

26. Ist der Schrauber für den Einsatz am Fließband vorgesehen? Welches Fließbandsystem wird verwendet, kontinuierlich laufendes Band, taktendes Band, Power- and-Free-System?

27. Wie ist die Laufrichtung des Bandes vom Arbeitsplatz des Schrauberbedienungsmannes aus gesehen?

Einige Druckluftwerkzeughersteller haben Fragebogen ausgearbeitet, in denen alle für den Bestellfall zu klärenden Fragen enthalten sind. Es ist zweckmäßig, sich bereits bei einer Werkzeuganfrage dieser Fragebogen zu bedienen.

Außer den technischen Überlegungen müssen auch wirtschaftliche angestellt werden, bevor ein Druckluftwerkzeug, in unserem Beispiel ein Schrauber, angeschafft wird. Zu diesem Zweck mögen folgende Hinweise nützlich sein:

Bild 12.01 zeigt insgesamt vier Kurven, die die Schraubzeit in Abhängigkeit von der Anzahl der Gewindegänge darstellen. Die Kurven wurden für folgende Arbeiten aufgestellt:

Handanzug von Holzschrauben (Kurve *a*),

Handanzug von Maschinenschrauben (Kurve *b*),

Handanzug von Muttern (Kurve *c*)

und für den Anzug von Holz- und Maschinenschrauben und Muttern mit Hilfe eines Schraubers (Kurve *d*).

Versuche ergaben, daß die Zeiten für das Eindrehen von Holz- und Maschinenschrauben und für das Aufschrauben von Muttern bei Verwendung eines Schraubers nahezu gleich sind. Demzufolge wurde auch nur eine Kurve *d* dargestellt. Der Verlauf der Kurven für den Handanzug *a*, *b* und *c* zeigt, daß die Schraubzeiten bis zu fünf Gewindegängen fast gleich sind. Erst vom sechsten Gewindegang an zeigt sich ein unterschiedlicher Verlauf der drei Kurven. Die Kurve für den Handanzug von Holzschrauben *a* steigt am steilsten an. Diese Tatsache beruht auf der zunehmenden Ermüdung des Arbeiters, der nicht nur mit

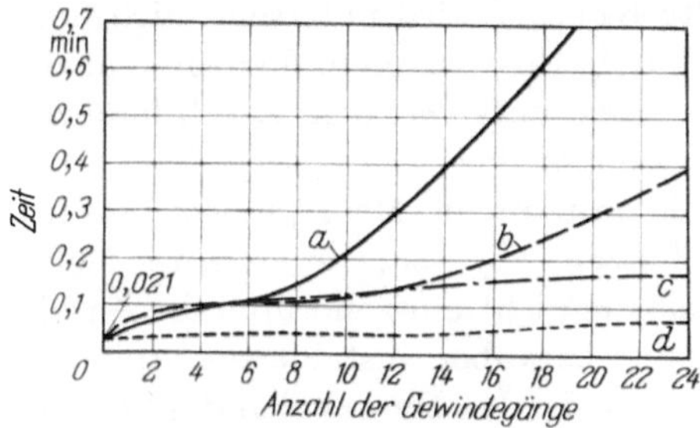

Bild 12.01. Schraubzeit in Abhängigkeit von der Gewindegangzahl.

a Handanzug von Holzschrauben; *b* Handanzug von Maschinenschrauben; *c* Handanzug von Muttern; *d* Holz- und Maschinenschrauben und Muttern angezogen mit einem Schrauber.

dem Schraubendreher das Drehmoment aufbringen muß, sondern der auch den Schraubendreher in Abhängigkeit des Drehmomentes immer fester in den Schraubenschlitz drücken muß, um ein Herausdrehen der Schraubendreherklinge aus dem Schraubenschlitz zu vermeiden [4].

Ob die Anschaffung eines Schraubers lohnend ist, kann überschlägig folgendermaßen ermittelt werden:

Anhand des Bildes werden sowohl die Zeiten für den Handanzug als auch für den Schrauberanzug in Abhängigkeit von der Anzahl der Gewindegänge ermittelt. Beide Zahlenwerte werden mit der Anzahl der an einem Arbeitstag durchzuführenden Schraubungen multipliziert und die Differenz beider Gesamtzeiten wird als Einsparung an Lohnkosten umgerechnet. Die Amortisationszeit ergibt sich, wenn der Anschaffungspreis des Schraubers durch die Lohnkosten dividiert wird.

Beispiel. Täglich sind 1000 Holzschrauben mit einer Gewindelänge von je 14 Gängen einzuschrauben. Für einen Druckluftschrauber ist die Amortisationszeit zu ermitteln, wenn der Anschaffungspreis 1200,— DM beträgt. Installations-, Energie-, Wartungskosten usw. sollen bei der Überschlagsrechnung unberücksichtigt bleiben.

Lösung: Kurve (*a*) 14 Gewindegänge erfordern 0,4 min Arbeitszeit, Gesamtzeit für 1000 Schrauben = 0,4 × 1000 = 400 min/Tag, ohne Nebenzeiten, Kurve (*d*) 14 Gewindegänge erfordern 0,035 min Arbeitszeit, Gesamtzeit für 1000 Schraubungen = 0,035 × 1000 = 35 min/Tag, ohne Nebenzeiten.

Differenz a − d = 400 − 35 = 365 min/Tag,
Kosten pro Arbeitsminute = 0,10 DM,
365 min/Tag = 36,50 DM/Tag.

$$\frac{\text{Anschaffungspreis des Schraubers (DM)}}{\text{Zeiteinsparung (DM/Tag)}} = \frac{1.200 \text{ DM}}{36,50 \text{ DM/Tag}} \underline{\underline{33 \text{ Tage}}}.$$

Die Amortisationszeit für den Schrauber beträgt also 33 Tage.

Dieses Beispiel kann natürlich nur als Überschlagsrechnung gelten. Auch die auf Bild 12.01 dargestellte Kurve *d* wird unterschiedlich, und zwar in Abhängigkeit der Schrauberdrehzahl verlaufen. Jedoch sind die Drehzahlunterschiede und die dadurch entstehenden Zeitdifferenzen für eine Überschlagsrechnung vernachlässigbar.

Schwieriger hingegen ist es, die mit einem Mehrspindelschrauber erreichbare Zeiteinsparung vorzuschätzen. Die Schraubzeit eines Mehrspindelwerkzeuges kann in solchem Falle nicht einfach durch die Anzahl der in dem betreffenden Mehrspindelschrauber installierten Spindeln dividiert werden, da die Handhabung, z. B. das Heranholen des Schraubers, das gleichmäßige Aufsetzen auf alle Schrauben bzw. Muttern usw. mit zunehmender Spindelzahl schwieriger und demzufolge zeitaufwendiger wird. Grundsätzlich ist zu sagen, daß sich der Einsatz von Mehrspindelschraubern erst von drei Spindeln an aufwärts lohnt. Aus Qualitätsgründen (gleichmäßiger Schraubenanzug) kann jedoch u. U. der Einsatz von Zweispindelschraubern befürwortet werden. Auch aus Gründen der Unfallsicherheit kann der Einsatz von Zweispindelschraubern erforderlich werden. Dies trifft z. B. dann zu, wenn die Schrauben oder Muttern mit Hilfe eines Drehschraubers mit Direktantrieb angezogen werden sollen und wenn wegen des hohen Drehmomentes die Gefahr des Herumschlagens des Werkzeuges besteht. Bei einem Zweispindelschrauber besteht diese Gefahr nicht, da eine Spindel das Reaktionsmoment der anderen auffängt.

13 Automatisierung mit Druckluftwerkzeugen (Beispiele)

Die Automatisierung hat zunächst in Betrieben mit Großserienfertigung Eingang gefunden. Der ständig spürbarer werdende Mangel an Facharbeitern führte in der Fertigungstechnik zu Entwicklungen, die auch für Betriebe mit kleineren und mittleren Stückzahlen wirtschaftlich interessant sind. Durch das Angebot geeigneter Druckluftwerkzeuge ist die Einführung einer Automatisierung bereits mit geringem Kostenaufwand möglich.

Nachstehend sind einige automatisch arbeitende Betriebseinrichtungen in Aufbau und Funktion beschrieben. Die Beschreibung soll einen Überblick über die Einsatzmöglichkeiten von Druckluftwerkzeugen in automatisch arbeitenden Bohr- und Fügeeinrichtungen geben.

13.1 Automatisierung in der Zerspanung

Der Bohrautomat (Bild 13.01) ist in der Stahlrohrmöbelfertigung eingesetzt. Die Bohrvorschubeinheiten bohren Löcher von 5,2 mm Durchmesser in Stuhlgestelle. Die Bohrtiefen betragen $2 \times 1,5$ mm Wanddicke in Rohr von 16 mm Durchmesser. Die Bohrzeit beträgt 17 Sekunden bei einer Boden-zu-Boden-Zeit von 30 Sekunden. Das Grundgestell der Vorrichtung ist eine Schweißkonstruktion mit zwei Werkstückaufnahmeplatten und zwei Bohrerführungsplatten mit Flanschbüchsen zur Aufnahme der Bohrvorschubeinheiten. Das Spannen der Werkstücke geschieht von Hand. Die Konstruktion der gesamten Vorrichtung ermöglicht die Fertigung von Werkstücken verschiedener Abmessungen. Die Umrüstzeiten für die Bohrplatten, Spannelemente usw. sind gering. Die Werkstücke können nach Anbringung von Spannzylindern auch pneumatisch gespannt werden. Die Spannung kann dann durch Knopfdruck ausgelöst und auch wieder aufgehoben werden.

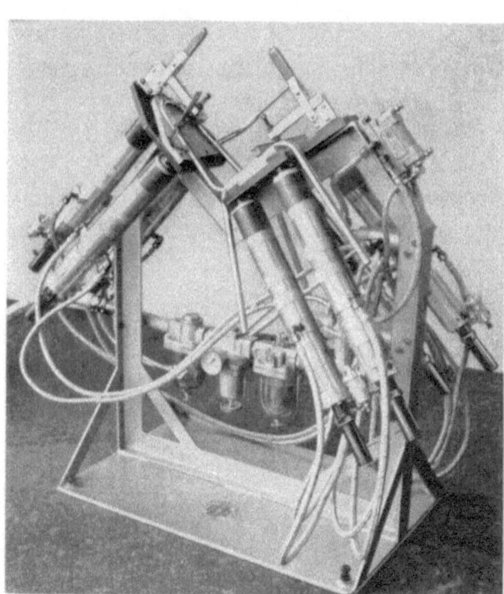

Bild 13.01. Bohrautomat für Stuhlgestelle.

Bild 13.02 zeigt einen Bohrautomaten, auf dem Tennisschläger gebohrt werden. Die Einrichtung ist mit 35 druckluftbetriebenen Handbohrern bestückt. Die Vorschubbewegung wird durch die gleiche Anzahl von Druckluftzylindern ausgeführt.

Der Bohrautomat (Bild 13.03) dient zum Bearbeiten von Kupplungsscheiben, Material CK 45 V. Der Automat ist mit Bohrvorschub- und

Gewindeschneideinheiten bestückt. Eine der Bohrvorschubeinheiten besitzt einen 4-Spindelkopf. Die Einheiten sind an einem Druckluftschaltteller angeordnet. Insgesamt werden je Werkstück 24 Bohrungen mit

Bild 13.02. Bohrautomat für Tennisschläger.

einem Durchmesser von 6,2 mm und einer Bohrtiefe von 17 mm gebohrt und 24 Gewinde M 8 mit einer Gewindetiefe von 12 mm geschnitten.

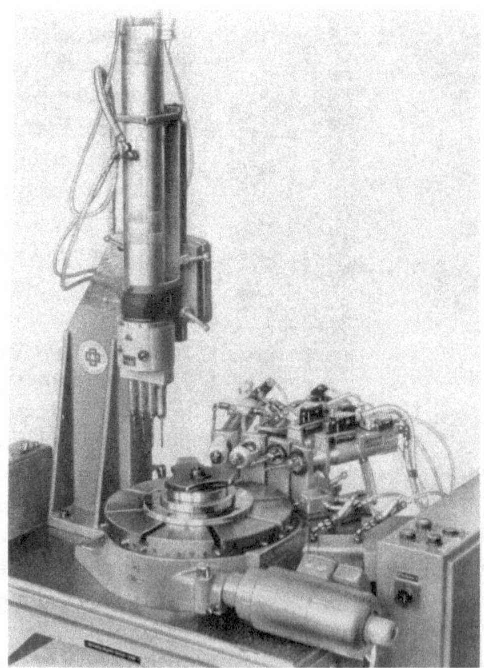

Bild 13.03. Bohrautomat für Kupplungsscheiben.

Der Bohrautomat (Bild 13.04) ist ein Beispiel für eine aus Standard-
bauteilen zusammengesetzte Einrichtung. Mit Ausnahme der Werk-
stückspannvorrichtung sind alle Einzelteile serienmäßig gefertigt und

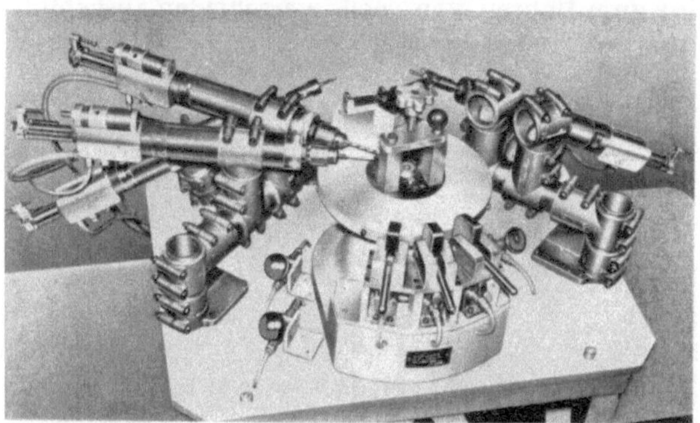

Bild 13.04. Bohrautomat, zusammengesetzt aus Standardteilen.

ab Lager lieferbar. Besonders interessant sind die Klemm- und Zwischen-
stücke, mit denen die Bohreinheiten in die richtige Stellung zur Werk-
stückspannvorrichtung gebracht werden.

Bild 13.05 zeigt eine Bohrvorschubeinheit, die auf einem Revolverdreh-
automaten angeordnet ist und Querlöcher in Werkstücke, die auf dem Automaten bearbeitet werden, bohrt.

Von der Möglichkeit, Bohrvorschubeinheiten als Zusatzspindeln auf Werkzeugmaschinen zu verwenden, wird in der
Praxis noch viel zu wenig Gebrauch gemacht.

Bild 13.06 zeigt einen Uni-
versalbohrautomaten, der zur
Bearbeitung von Heizkesselzu-
behörteilen dient. Mit Hilfe
von Bohrvorschubeinheiten

Bild 13.05. Revolverautomat mit angeflanschter
Bohrvorschubeinheit.

können gleichzeitig 14 Bohrungen mit 6 bis 12 mm Durchmesser gebohrt werden. Der Automat ist konstruktiv so ausgebildet, daß auf ihm
fünfzig verschiedene Werkstücke bearbeitet werden können. Das Umrüsten von einem Werkstück auf das andere ist mit geringem Zeitaufwand
möglich. Zum Fixieren und Spannen der in den Abmessungen unterschiedlichen Werkstücke wird eine entsprechende Anzahl verschiedener
Fixier- und Spannvorrichtungen verwendet.

Der Bohrautomat (Bild 13.07) ist mit 6 Bohrvorschubeinheiten bestückt, die 3 bzw. 6 Löcher von 16 bis 20 mm Durchmesser in Kopf-

und Fußstücke von Grubenstempeln bohren. Die Einheiten sind waagerecht und sternförmig um den Arbeitstisch herum angeordnet. Der
Automat wird zum Bohren von sechs verschieden ausgebildeten Werk-

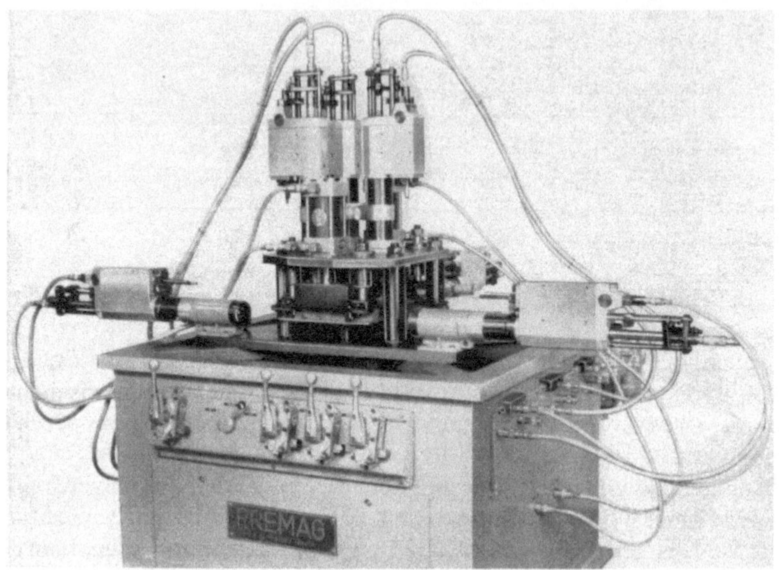

Bild 13.06. Bohrautomat für Heizkessel-Zubehörteile.

Bild 13.07. Bohrautomat für Grubenstempelkopf- und Fußteile.

stücken verwendet. Um die Umrüstzeiten so kurz wie eben möglich zu
halten, werden sechs entsprechend ausgeführte Vorrichtungsarten verwendet. Die Werkstücke werden mit Hilfe eines an einer Traverse be-

festigten Druckluftzylinders gespannt. Der Arbeitsablauf ist folgender: Werkstück einlegen, Zweihandbedienung betätigen, Werkstück spannen, Vorlauf der Bohreinheiten, Werkstück bohren, Rücklauf der Bohreinheiten in Ausgangsstellung, Entspannen.

13.2 Automatisierung von Fügearbeiten

Automatisch arbeitende Zusammenbaumaschinen sind in der Fertigung im Vergleich zu den Werkzeugmaschinen der spangebenden Formung auch heute noch verhältnismäßig wenig eingesetzt. Dies beruht u. a. auf der Tatsache, daß zunächst Maschinen für nicht von Hand auszuführende Arbeitsgänge entwickelt werden mußten. Da die Mehrzahl der im Zusammenbau vorkommenden Arbeiten grundsätzlich durch menschliche Arbeitskraft verrichtet werden kann, wurde erst zu einem Zeitpunkt mit der Entwicklung automatischer Zusammenbaumaschinen begonnen, als der Arbeitskräftemangel immer spürbarer wurde.

Die Mehrzahl der heute im Einsatz befindlichen Zusammenbaumaschinen sind für Schraubarbeiten eingesetzt und verwenden Einspindel- und Mehrspindelschrauber.

Der teilautomatische Zweiwegeschrauber (Bild 13.08) besitzt insgesamt vierzehn Schrauberspindeln, und zwar zwölf Drehschrauber- und zwei Schlagschrauberspindeln. Mit dem Schrauber werden in Kfz-

Bild 13.08. Teilautomatischer Zweiwegeschrauber für PKW-Zylinderblöcke.
a Zwölfspindelschrauber; *b* Zweispindelschlagschrauber.

Zylinderblöcke je zwölf Innensechskantschrauben und je zwei konische Gewindestopfen eingedreht. Mit den zwölf Innensechskantschrauben werden zwei Blechdeckel, die zum Abdichten des Kühlwassermantels dienen, angeschraubt. Die zwei konischen Gewindestopfen dichten die Wasserkanäle ab. Die Schrauben werden mit einem Drehmoment von 1,2 mkp angezogen. Die Gewindestopfen müssen auf eine bestimmte Tiefe eingeschraubt werden. Die Blechdeckel, die Schrauben und die

Gewindestopfen werden außerhalb der Schraubstation von Hand angesetzt. Anschließend schiebt der Bedienungsmann den Zylinderblock gegen einen in der Einrichtung angebrachten Festanschlag, der mit einem Endschalter versehen ist. Der Endschalter bewirkt das selbsttätige Ausrichten und Spannen des Zylinderblockes. Nach dem Spannen erfolgt ebenfalls automatisch der Vorlauf der ersten Schraubereinheit a, die die zwölf Drehschrauberspindeln zum Anziehen der Innensechskantschrauben trägt. Nach erfolgtem Schraubenanzug fährt die erste Einheit in ihre Ausgangsstellung zurück und gibt über einen Schalter den Vor-

lauf der zweiten Schraubereinheit b, die mit zwei Schlagschraubern zum Eindrehen der zwei Gewindestopfen bestückt ist, frei. Sobald die zweite Einheit in die Ausgangsstellung zurückgekehrt ist, wird die Werkstückspannung freigegeben und der Zylinderblock wird durch das nächste in den Zweiwegeschrauber eingefahrene Werkstück ausgestoßen. Der Vor- und Rücklauf der ersten und zweiten Schraubereinheit erfolgt pneumatisch mit Hilfe von Vorschubzylindern.

Bild 13.09
Teilautomatischer Zweispindelschrauber
zum Lösen von PKW-Pleuelmuttern.

Der teilautomatische Zweispindelschrauber (Bild 13.09) dient zum Lösen und Abschrauben von zwei Pleueldeckelbefestigungsmuttern eines PKW-Pleuels. Die Einheit ist mit zwei Schlagschrauberspindeln bestückt und ist auf einem Arbeitstisch befestigt. Der Bedienungsmann legt das Pleuel auf den Aufnahmezapfen der Schraubvorrichtung und schaltet die Einheit über ein Fußventil ein. Der Vorschub der Einheit wird von einem eingebauten Druckluftzylinder ausgeführt. Nach beendetem Arbeitsgang fährt die Einheit wieder in ihre Ausgangsstellung zurück und der Aufnahmezapfen wird von einem Druckluftzylinder selbsttätig gespreizt, wodurch der Pleueldeckel von der Pleuelstange abgezogen wird.

Die Werkzeugeinsätze sind mit Ausstoßern bestückt, die die Muttern nach dem Abschrauben ausstoßen. Die Muttern werden in Sammelbehältern aufgefangen. Bei Bedarf können die Schrauberspindeln über Schaltnocken und Zählwerke so gesteuert werden, daß die Muttern nur eine vorwählbare Anzahl von Gewindegängen gelöst und nicht völlig von den Schraubenbolzen abgeschraubt werden.

Der Schraubautomat (Bild 13.10) zieht die sechs Hauptlagerschrauben eines PKW-Zylinderblockes an. In der Vorstation werden die Lagerdeckel von Hand in den Zylinderblock eingelegt und die sechs Sechskantschrauben, Gewindedurchmesser M 12, werden von Hand 1 bis 2 Gänge angesetzt. Nach Betätigen des Startknopfes laufen alle Bewegungen selbsttätig ab. Der Zylinderblock wird von einer Transportstange gefaßt und in die Schraubstation gezogen, fährt gegen einen Anschlag, wird automatisch ausgerichtet und gespannt. Dann fährt der Mehrspindelschrauber abwärts und zieht die sechs Schrauben auf ein Drehmoment von 10 mkp an. Nach beendetem Schraubgang fährt der Schrauber wieder zurück in seine Ausgangsstellung, die Werkstückspannung

Bild 13.10. Schraubautomat für PKW-Zylinderblöcke.

wird gelöst und die Transportstange stößt den Zylinderblock aus und greift den nächsten, in der Vorstation bereitstehenden Block. Der Schraubautomat arbeitet mit einer Taktzeit von 15 Sekunden.

Oftmals ist es erforderlich, automatisch arbeitende Mehrspindelschrauber auch an stetig laufenden Fließbändern einzusetzen. Dies bedingt jedoch eine Ortsbeweglichkeit des jeweiligen Schraubers in Laufrichtung des Fließbandes und eine genaue Abstimmung der Mitlaufgeschwindigkeit des Schraubers zur Fließbandgeschwindigkeit. Um diese Forderung zu erfüllen, ist es zweckmäßig, den Schrauber entweder vom Fließband oder direkt von dem auf dem Fließband befindlichen Werkstück schleppen zu lassen. Eine solche Einrichtung ist auf Bild 13.11 gezeigt.

Der Mehrspindelschrauber dient zum gleichzeitigen Anzug von acht Muttern M 10 eines PKW-Zylinderkopfes auf ein Drehmoment von 4 mkp. Die Werkstücke werden jeweils an einer Haltevorrichtung des Fließbandes befestigt, die mit einem Mitnehmer g bestückt ist. Dieser Mitnehmer g schleppt über den Einschalthebel h und den Mitnehmer f den Schrauber in Bandlaufrichtung mit. Der Einschalthebel h betätigt das Ventil e, das den Schrauber einschaltet. Der Schrauber fährt abwärts und zieht die acht Muttern an. Nach dem Anziehen läuft der Schrauber aus Sicherheitsgründen noch ein Stück mit dem Fließband mit, bis das Ventil *b* den Schaltnocken *a* erreicht. Das Ventil *b* löst den Rücktransport des Schraubers in Richtung auf seine obere Totlage aus. Kurze Zeit später erreicht ein auf der gegenüberliegenden Schrauberseite befestigtes Ventil ebenfalls seinen Schaltnocken. Dieses Ventil gibt die Luft frei für den Zylinder *d*, der den Mitnehmerhebel *f* nach oben zieht.

Bild 13.11. 8-Spindelschrauber für den Einsatz am stetig laufenden Fließband.
a Schaltnocken; *b* Ventil; *c* Schalter; *d* Hubzylinder; *e* Ventil; *f* Mitnehmerhebel; *g* Mitnehmer; *h* Einschalthebel.

Dadurch wird der Schrauber freigegeben und in seine Ausgangsstellung zurückgezogen. Bei Erreichen der Endlage und Betätigen eines Ventils wird der Mitnehmerhebel *f* über den Zylinder *d* abwärts geschwenkt, und der Schrauber ist für den nächsten Motor einsatzbereit.

Alle bewegten Teile des Schraubaggregates laufen in Kugelführungen. Dadurch ist die vom Fließband aufzubringende Schleppkraft gering. Die Anlage ist durch die Schleppeinrichtung unabhängig von unterschiedlichen Bandgeschwindigkeiten. Dies ist dann ein besonderer Vorteil, wenn infolge wechselnder Fertigungszahlen die Geschwindigkeit des Fließbandes häufig geändert werden muß.

Der Schraubautomat (Bild 13.12) dient zum Anschrauben von Pleueldeckeln an Pleuelstangen. Die Pleuelstangen werden von Hand in die Beschickungsrutsche des Schraubautomaten eingehängt, nachdem von Hand die Pleuelschrauben in die Pleuelstangen eingeschoben und die Pleueldeckel aufgesetzt wurden. In einer Schraubstation werden je Pleuel zwei Sechskantmuttern aus Schwingfördertrögen automatisch zugeführt und mit Hilfe eines 2-Spindel-Druckluftschraubers festgezogen. In der nachfolgenden letzten Station wird das montierte Pleuel automatisch ausgestoßen.

Die automatisch arbeitende Drehschraubereinheit (Bild 13.13) wurde zum Anbau an eine Zusammenbautransferstraße entwickelt. Rechts und links von dieser Taktstraße ist je eine solche Schraubeinheit, die aus 8 Drehschraubern besteht, angeordnet. Auf der Straße werden PKW-Motore zusammengebaut, und die Schraubeinheiten dienen zum Anschrauben der Zylinderköpfe.

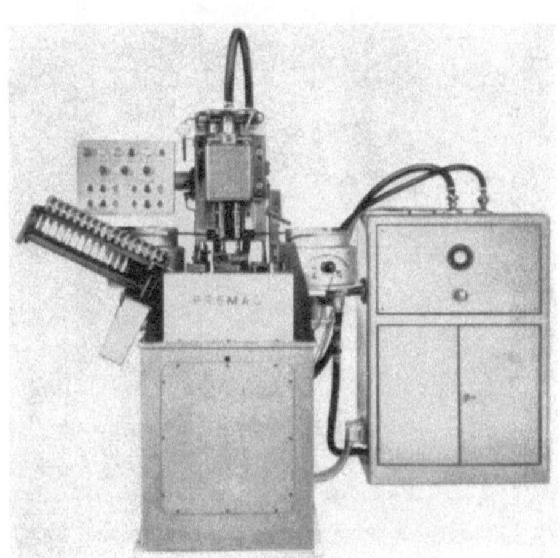

Bild 13.12. Schraubautomat für PKW-Pleuel-
stangen und Pleueldeckel.

Bild 13.13. Automatischer Drehschrauber für Zusammenbau-Taktstraßen.

Sobald der jeweilige Motor in die Schraubstation einfährt, wird über einen Schaltnocken das druckluftbetriebene Vorschubaggregat eingeschaltet, das den Schrauber in Richtung auf den Zylinderkopf bewegt. Die Schrauberspindeln werden in Drehung versetzt und ziehen die Schrauben mit einem Drehmoment von 3,5 mkp an. Nach beendetem Schraubvorgang fährt der Schrauber selbsttätig in seine Ausgangsstellung zurück und der Weitertransport des Motors wird freigegeben.

Der automatische Portalschrauber (Bild 13.14) ist mit 14 Schlagschrauberspindeln ausgerüstet, die gleichzeitig wahlweise 10 oder 14 Stück Hauptlagerdeckelschrauben eines 4- bzw. 6-Zylinder-PKW-Motors lösen. Die Motorblöcke werden auf einem taktenden Fließband durch den Portalschrauber hindurchtransportiert. Wenn ein Block in den Schrauber eingefahren ist, schaltet sich selbsttätig das Schraubaggregat ein und fährt abwärts, wobei die Schrauberspindeln stark gedrosselt laufen, um ein sicheres Auffädeln der Werkzeugeinsätze auf die Schraubenköpfe zu gewährleisten. Wenn die Schraubeinheit die untere Endlage erreicht hat, werden die Schrauberspindeln automatisch auf volle Leistung geschaltet und lösen die Schrauben. Nach dem Schraubenlösen kehrt das Aggregat in seine Ausgangsstellung zurück und verharrt, bis ein neuer Motorblock eingefahren wird.

Jede einzelne Schrauberspindel wird während des Schraubenlösens wegeabhängig geprüft, so daß sichergestellt ist, daß alle Schrauben gelöst werden. Das Schraubaggregat ist mit einer Tasteinrichtung versehen, die die Aufgabe hat, je nach Art des einlaufenden Zylinderblockes (4- oder 6-Zylinder) die benötigte Anzahl Schrauberspindeln einzuschalten.

Von der Möglichkeit, mit Hilfe von Druckluftschraubern Werkstücke in Spannvorrichtungen zu spannen, wird in der Praxis noch wenig Gebrauch gemacht. Oftmals ist das Spannen bzw. Entspannen eines Werkstückes auf einer Werkzeugmaschine so zeitraubend und für den Bedienungsmann anstrengend, daß dieser Vorgang nicht vollständig innerhalb der Maschinenzeit durchgeführt werden kann und daß demzufolge das Spannen und Entspannen taktbestimmend werden. Hier tut sich ein weites Anwendungsgebiet für Schrauber auf.

Bilder 13.15 und 13.16 zeigen eine 11-Spindel-Drehschraubereinheit, die zum gleichzeitigen Anziehen von 11 Schrauben einer Spannvorrichtung für Nähmaschinenplatten dient. Die Bearbeitung der Werkstücke erfolgt auf einer Transferstraße.

Das Werkstück wird von Hand auf die Spannvorrichtung gelegt. Diese fährt automatisch in die Spannstation ein und löst über einen Schaltnocken den Abwärtshub der Schraubeinheit aus. Die Spann-

Bild 13.14. Portalschrauber für PKW-Zylinderblöcke.

Bild 13.15. 11-Spindel-Drehschrauber eingesetzt als Werkstückspanner auf einer Transferstraße.

schrauben werden selbsttätig von der Schraubeinheit angezogen, und wenn das erforderliche Drehmoment erreicht ist, kehrt der Schrauber wieder automatisch in seine Ausgangsstellung zurück. Die Vorschub- und Rücklaufbewegung des Schraubers und der Antrieb der Schrauberspindeln erfolgen durch Druckluft. Das gleiche Schraubaggregat ist

Bild 13.16. Schraubspindeln des Schraubers, Bild 13.15.

in der Transferstraße noch einmal vorhanden und dient zum Lösen der Spannschrauben nach erfolgter Bearbeitung des Werkstückes. Für diesen Arbeitsgang werden Schlagschrauberspindeln verwendet.

Bild 13.17 zeigt einen Fügeautomaten, auf dem Zentralheizungsventile (Bild 13.18) zusammengebaut werden. Mit Ausnahme der Ventilspindel werden alle Einzelteile automatisch durch Schwingförderer zu-

Bild 13.17. Fügeautomat für Zentralheizungsventile.

geführt. Der Automat besitzt 16 Stationen. Davon sind 4 Stationen mit Druckluftschraubern bestückt. In 3 weiteren Stationen sind Druckluftzylinder zum Zusammenpressen der Einzelteile angeordnet. Die Taktzeit des Fügeautomaten beträgt 4,7 Sekunden.

Auf Bild 13.19 ist eine Einrichtung zum Bearbeiten von Nähmaschinenteilen gezeigt, die aus vier Stationen besteht. Station 1 ist die Ladestation. In Station 2 wird eine Grundplatte von einem 4-Spindel-Schrauber automatisch an einen Nähmaschinenarm angeschraubt. In Station 3 werden mit zwei Bohrvorschubeinheiten zwei Stiftlöcher gebohrt, in die mit Hilfe einer in Station 4 angeordneten Preßeinheit zwei Kerbstifte eingedrückt werden.

Mit diesem Beispiel soll zugleich gezeigt werden, daß es durchaus möglich ist und zweckmäßig sein kann, Bohr- und Fügearbeiten auf einer einzigen Einrichtung auszuführen.

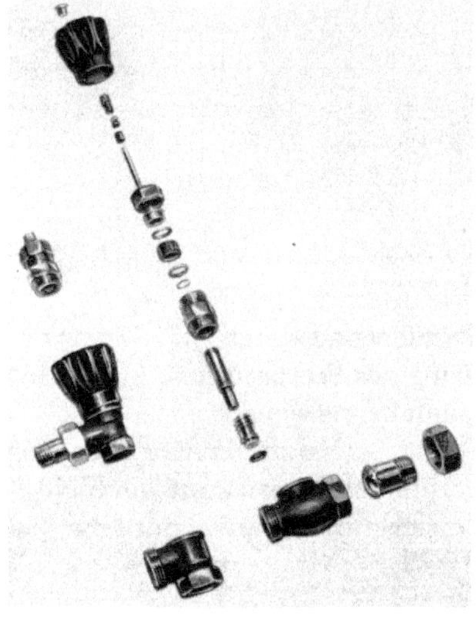

Bild 13.18. Zentralheizungsventile, Einzelteile für den Zusammenbau auf dem Fügeautomaten, Bild 13.17.

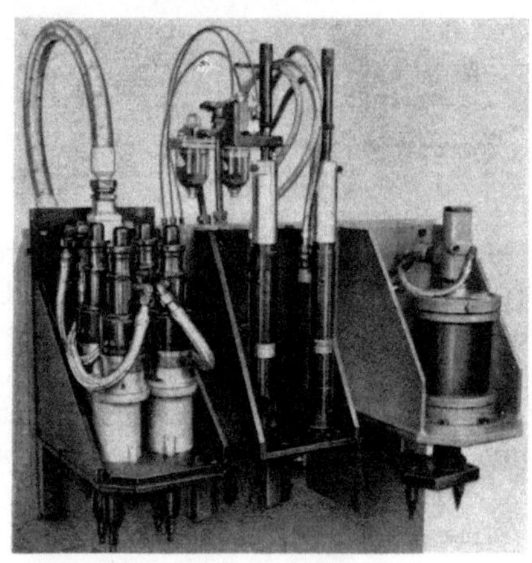

Bild 13.19. Einrichtung zum Bearbeiten von Nähmaschinenteilen, bestehend aus einer 4-Spindel-Schraubeinheit, 2 Bohrvorschubeinheiten, einer Preßeinheit.

14 Entwicklungsrichtung im Druckluftwerkzeugbau

Nach einer Statistik erreichten die Druckluftwerkzeuge in der Metallindustrie der Bundesrepublik Deutschland im Jahre 1964 einen Produktionswert von 18 Millionen DM. Es wird damit gerechnet, daß dieser Wert in den nächsten Jahren noch steigt, und zwar nicht zuletzt auf Grund der Tatsache, daß die Elektrowerkzeughersteller auch in absehbarer Zeit kaum eine wesentliche Erweiterung ihrer Lieferprogramme vornehmen werden.

Was die Konstruktion und das Betriebsverhalten der Druckluftwerkzeuge anbelangt, so geht die Entwicklung allgemein dahin, den

7*

Energieverbrauch zu senken, das Betriebsgeräusch zu mindern und das Werkzeuggewicht zu verringern bei gleichzeitiger Verbesserung der Handlichkeit. Während allgemein gesagt werden kann, daß für die Gattung der schlagenden, drückenden, ziehenden, blasenden, spritzenden und treibenden Druckluftwerkzeuge zukünftig kaum wesentliche Neuerungen zu erwarten sind, werden in naher Zukunft noch viele Verbesserungen in der Gattung der umlaufenden Werkzeuge erfolgen.

Die Druckluftwerkzeughersteller sollten bei der Entwicklung der Werkzeuge ein besonderes Augenmerk auf wartungsfreie Werkzeuge legen. Das Nachfüllen der Öler z. B. ist ein nicht zu unterschätzender Unkostenfaktor. Vielleicht wird es gelingen, selbstschmierende, für den Einbau in Lamellenmotoren geeignete Rotorlamellen zu entwickeln. Da als Schmierstoffe heutzutage in der Technik in steigendem Maße Molybdändisulfide verwendet werden, taucht die Frage auf, ob nicht sogar aus diesem Schmierstoff gepreßte Rotorlamellen ohne zusätzliche Ölschmierung einen störungsfreien Lauf der Lamellenmotoren gewährleisten. Vielleicht werden auch Rotorlamellen aus Kunststoff mit Einlagerungen von Molybdändisulfid oder Graphit zufriedenstellende Laufergebnisse zeigen.

Bei den Schraubern, genauer gesagt bei den Drehschraubern mit einfacher und doppelter Rutschkupplung ist eine Steigerung der Verschleißfestigkeit der Kupplungen erforderlich. Für Schlagschrauber gilt die gleiche Forderung, und zwar in bezug auf die Schlagwerke.

Sowohl für Drehschrauber als auch für Schlagschrauber wird die Forderung nach Erhöhung der Anzugsgenauigkeit gestellt. In vielen Betrieben werden beim Zusammenbau von lebenswichtigen Werkstücken die mit Schraubern angezogenen Schrauben und Muttern von Hand mit Drehmomentschlüsseln nachgezogen, um die oftmals engtolerierten Drehmomente zu erreichen. Diese Handarbeit könnte grundsätzlich entfallen, wenn die Entwicklung genauer arbeitender Schrauber gelänge, wobei allerdings zu berücksichtigen ist, daß, wie an einer anderen Stelle des Buches bereits ausgeführt, für die Streuung der Drehmomente nicht nur das Werkzeug betreffende Faktoren maßgebend sind, vgl. Abschn. 2.513.

Bereits heute besteht großer Bedarf an Schraubern mit automatischer Schraubenzuführung. Bei ortsbeweglich installierten Schraubern mit automatischer Schraubenzuführung werden aus wirtschaftlichen Gründen solche Konstruktionen bevorzugt, die an den Werkzeugen befestigte Schraubenmagazine besitzen. Diese Magazine müssen so ausgebildet sein, daß sie an einer zentralen Stelle z. B. mit Hilfe eines Schwingförderers mit Schrauben gefüllt werden können. Die leergeschraubten Magazine werden jeweils zur Füllstation zurückgegeben, während die gefüllten zu den Arbeitsplätzen befördert werden. Die Magazine bzw. Schrauber müssen so gestaltet sein, daß durch einen einfachen Handdruck eine Befestigung des Magazins am Schrauber möglich ist. Der zum Füllen der Magazinstreifen benötigte Schwingförderer muß leistungsmäßig so ausgelegt werden, daß er für mehrere Schraubereinsatzstellen Magazine füllen kann. Dabei ist es Bedingung, daß der Schwingförderer auf verschiedene Schraubengrößen umgerüstet werden kann und daß dieses Umrüsten mit geringem Aufwand an Arbeitszeit möglich ist.

Die heute zur Auswahl stehenden Schrauber mit automatischer Schraubenzuführung eignen sich fast nur für abwärtsgerichtete Schraubfälle. Für waagerecht und über Kopf auszuführende Schraubarbeiten sind Schrauber zu entwickeln, bei denen die Schrauben vom Magazin aus z. B. durch Federspannung befördert werden (Karabinerladeprinzip).

Die Tatsache, daß die Entwicklung der Schrauber mit automatischer Schraubenzuführung noch wenig fortgeschritten ist, ist u. a. darin begründet, daß viele Konstrukteure auch heute noch Fügemittel einsetzen, die für automatische Schraubarbeiten denkbar ungeeignet sind. Schrauben mit vormontierten Sicherungselementen, wie Federscheiben, Fächerscheiben u. dgl. sind den Konstrukteuren oftmals unbekannt [5].

Die Schraubenlieferanten sollten die Bestrebungen der Werkzeughersteller unterstützen, indem sie in verstärktem Maße die Entwicklung der Fügemittel, die für automatische Fügearbeiten geeignet sind, fortsetzen. Es erscheint lohnend, Schrauben zu fertigen, die auf einem Papier- oder Kunststoffstreifen zwecks besserer Einführung in die Werkzeuge aufgereiht werden (Ladegurt) [4].

Die Vereinheitlichung der verschiedenen Einsteckwerkzeuge in bezug auf ihre Anschlußmaße und auf die verschiedenen Aufnahmen der Druckluftwerkzeuge ist nicht zuletzt aus wirtschaftlichen Gründen dringend notwendig. Bei den verschiedenen Werkzeugfabrikaten ist es oftmals nicht möglich, die Einsteckwerkzeuge untereinander auszutauschen. Um Fertigungsstörungen zu vermeiden, ist demzufolge eine große Ersatzteilhaltung erforderlich. Eine engere Zusammenarbeit zwischen den Werkzeugherstellern und dem Normenausschuß ist daher wünschenswert.

Unter den Zubehörgeräten müssen besonders die Prüf- und Wartungsgeräte weiterentwickelt werden. Für Fließbandfertigung ist die Entwicklung geeigneter von Hand zu bewegender Kontroll- und Reparaturwagen erforderlich, die es gestatten, von Druckluftwerkzeug zu Druckluftwerkzeug zu fahren, um die notwendigen Prüfungen bzw. Einstellarbeiten durchzuführen.

15 Anhang (Tabellen)

Tabelle 15.01. *Sinnbilder für Leitungen, Leitungsverbindungen, sonstige Geräte* **und** *Zubehör, auszugsweise wiedergegeben nach VDMA-Richtlinie Nr. 24327/6*

Benennung	Erläuterung	Sinnbild
Druckluftleitung	Rohrleitung als Speise-, Arbeits- und Steuerleitung zur Energieübertragung. Abmessung der Rohrleitung kann in DIN-Kurzbezeichnung über der Linie eingetragen werden	
	Wenn die Leitung zur Übertragung der Steuerenergie — Einstellen und Regeln eingeschlossen — besonders kenntlich gemacht werden soll, ist sie gestrichelt zu zeichnen. Abmessung der Rohrleitung kann in DIN-Kurzbezeichnung über der Linie eingetragen werden	$L > 20\,D$ (L = Strichlänge, D = Strichdicke)
Druckluft-speicher	Behälter, in dem Druckluft bis zu einem Höchstdruck, der angegeben werden kann, gespeichert wird	
Bewegliche Leitung	im Betrieb biegsame Leitung, z. B. Gummischlauch, Wellrohr, Rohrspirale Ausführung und Abmessung kann in DIN-Kurzbezeichnung über der Linie eingetragen werden	
Leitungs-verbindung	fest, z. B. geschweißt, gelötet, geschraubt (einschließlich Fittings) lösbar, z. B. Flansch, Verschraubung Wenn besondere Kennzeichnung nicht notwendig, kann voller Punkt gezeichnet werden	
Leitungs-kreuzung	Überquerung von Leitungen, entweder die nicht miteinander verbunden sind oder	
Durchfluß-richtung	Bei wechselnder Durchflußrichtung werden beide Richtungen angegeben	

Tabelle 15.01   (Fortsetzung)

Benennung	Erläuterung	Sinnbild
Filter und Wasserabscheider		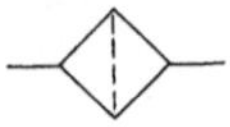
Filter	Gerät zum Abscheiden von Schmutzteilchen	
Wasserabscheider	Gerät zum Sammeln und Abscheiden von Kondenswasser	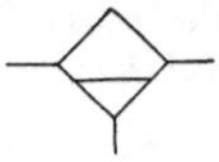
Wasserabscheider mit automatischer Entleerung	Gerät zum Sammeln, Abscheiden und Entfernen von Kondenswasser aus der Anlage	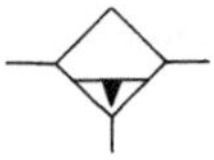
Manometer	Anzeigegerät für den Druck am Meßort	
Druckregler	Gerät, mit dem der Druck in der Speiseleitung einer pneumatischen Steuerung auf einen einstellbaren, konstanten Wert geregelt wird (Einfacher Druckregler: siehe Druckminderventil VDMA 24325 Nr. 2.2) Ein Manometer kann entweder direkt am Gerät oder auch entfernt davon angebracht werden	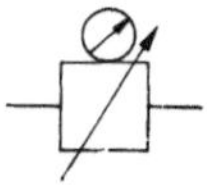 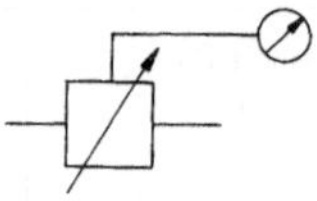
Öler	Gerät, in dem durchströmender Luft eine geringe Menge Öl zur Schmierung angeschlossener Geräte zugeführt wird	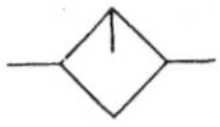
Wartungseinheit	Die Wartungseinheit stellt eine Zusammenfassung von Filter, Regler (nach VDMA 24325 Nr. 2.2) und Öler dar, die in einem gemeinsamen Gehäuse untergebracht werden können	
Schalldämpfer	Gerät zur Verminderung des durch das Ausströmen von Druckluft ins Freie entstehenden Geräusches (auch am Auslaßstutzen einer Vakuumpumpe)	
Schnellkupplung	Leitungsverbindung, die ohne Werkzeug relativ schnell hergestellt und getrennt werden kann	
	ohne Rückschlagventil	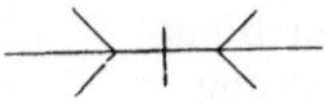

15 Anhang (Tabellen)

Tabelle 15.01   (Fortsetzung)

Benennung	Erläuterung	Sinnbild
Schnellkupplung	mit Rückschlagventil	
	entkuppelt	
	mit 1 Rückschlagventil	
	mit 2 Rückschlagventilen	

Tabelle 15.02. *Luftdurchgang durch Blasdüsen, FMA-Pokorny, Frankfurter Maschinenbau AG, Frankfurt/Main*

Düsen-durch-messer mm	Düsen-querschnitt cm²	Druck P_d atü					
		1	2	3	4	6	8
		Erforderliche Ansaugmenge des Kompressors m³/h					
11,28	1	140	210	280	345	480	620
1	0,0078	1,1	1,6	2,2	2,7	3,75	4,8
2	0,0314	4,4	6,5	8,8	10,8	15,0	19,5
4	0,126	17,6	25,2	35	43	60,5	78
6	0,283	40	59	79	98	136	175
8	0,50	70	105	140	172	240	310
10	0,78	109	162	216	270	375	480
12	1,13	158	235	316	390	543	700
16	2,01	282	420	560	690	965	1250
20	3,14	440	650	880	1080	1500	1950
25	4,90	687	1020	1370	1700	2350	3040

Tabelle 15.03. *Umrechnungstafeln für Drücke und Drehmomente*

Pounds per Square Inch in Kilopond je Quadratzentimeter

Pounds per Square Inch [psi]	0 $\frac{kp}{cm^2}$	1 $\frac{kp}{cm^2}$	2 $\frac{kp}{cm^2}$	3 $\frac{kp}{cm^2}$	4 $\frac{kp}{cm^2}$	5 $\frac{kp}{cm^2}$	6 $\frac{kp}{cm^2}$	7 $\frac{kp}{cm^2}$	8 $\frac{kp}{cm^2}$	9 $\frac{kp}{cm^2}$
0	. . . . .	0,0703	0,1406	0,2109	0,2812	0,3515	0,4218	0,4921	0,5625	0,6328
10	0,7031	0,7734	0,8437	0,9140	0,9843	1,0546	1,1249	1,1952	1,2655	1,3358
20	1,4062	1,4765	1,5468	1,6171	1,6874	1,7577	1,8280	1,8983	1,9686	2,0389
30	2,1092	2,1795	2,2495	2,3202	2,3905	2,4608	2,5311	2,6014	2,6717	2,7420
40	2,8123	2,8826	2,9529	3,0232	3,0935	3,1639	3,2342	3,3045	3,3748	3,4451
50	3,5154	3,5857	3,6560	3,7263	3,7966	3,8669	3,9372	4,0075	4,0779	4,1482
60	4,2185	4,2888	4,3591	4,4294	4,4997	4,5700	4,6403	4,7106	4,7809	4,8512
70	4,9216	4,9919	5,0622	5,1325	5,2028	5,2731	5,3434	5,4137	5,4840	5,5543
80	5,6246	5,6949	5,7652	5,8356	5,9059	5.9762	6,0465	6,1168	6,1871	6,2574
90	6,3277	6,3980	6,4683	6,5386	6,6089	6,6793	6,7496	6,8199	6,8902	6,9605
100	7,0308	7,1011	7,1714	7,2417	7,3120	7,3823	7,4526	7,5229	7,5933	7,6636

Kilopond je Quadratzentimeter in Pounds per Square Inch

$\frac{kp}{cm^2}$	0 Lbs. per Sq. In.	1 Lbs. per Sq. In.	2 Lbs. per Sq. In.	3 Lbs. per Sq. In.	4 Lbs. per Sq. In.	5 Lbs. per Sq. In.	6 Lbs. per Sq. In.	7 Lbs. per Sq. In.	8 Lps. per Sq. In.	9 Lps. per Sq. In.
0	. . . . .	14.22	28.45	42.67	56.89	71.12	85.34	99.56	113.78	128.01
10	142.23	156.45	170.68	184.90	199.12	213.35	227.57	241.79	256.02	270.24
20	284.46	298.69	312.91	327.13	341.36	355.58	369.80	384.03	398.25	412.47
30	426.70	440.92	455.14	469.36	483.59	497.81	512.03	526.26	540.48	554.70
40	568.93	583.15	597.37	611.60	625.82	640.04	654.27	668.49	682.71	696.94
50	711.16	725.38	739.61	753.83	768.05	782.28	796.50	810.72	824.94	839.17
60	853.39	867.61	881.84	896.06	910.28	924.51	938.73	952.95	967.18	981.40
70	995.62	1009.8	1024.1	1038.3	1052.5	1066.7	1081.0	1095.2	1109.4	1123.6
80	1137.8	1152.1	1166.3	1180.5	1194.7	1209.0	1223.2	1237.4	1251.6	1265.9
90	1280.1	1294.1	1308.5	1322.7	1337.0	1351.2	1365.4	1379.6	1393.9	1408.1
100	1422.3	1436.5	1450.8	1465.0	1479.2	1493.4	1507.7	1521.9	1536.1	1550.3

Tabelle 15.03 (Fortsetzung)

Foot-pounds in Meterkilopond

Foot-pounds [ft-lb]	0 mkp	1 mkp	2 mkp	3 mkp	4 mkp	5 mkp	6 mkp	7 mkp	8 mkp	9 mkp
0	. . . . .	0,138	0,276	0,415	0,553	0,691	0,829	0,967	1,106	1,244
10	1,382	1,520	1,658	1,796	1,934	2,073	2,211	2,349	2,487	2,625
20	2,764	2,902	3,040	3,178	3,316	3,455	3,593	3,731	3,869	4,007
30	4,146	4,284	4,422	4,560	4,698	4,837	4,975	5,113	5,251	5,389
40	5,528	5,666	5,804	5,942	6,080	6,219	6,357	6,495	6,633	6,771
50	6,910	7,048	7,186	7.324	7,462	7,601	7,739	7,877	8,015	8,153
60	8,292	8,430	8,568	8,706	8,844	8,983	9,121	9,259	9,397	9,535
70	9,674	9,812	9,950	10,088	10,227	10,365	10,503	10,641	10,779	10,918
80	11,056	11,194	11,332	11,470	11,609	11,747	11,885	12,023	12,161	12,300
90	12,438	12,576	12,714	12,855	12,991	13,129	13,267	13,405	13,544	13,682
100	13,820	13,958	14,096	14,235	14,373	14,511	14,649	14,787	14,925	14,064

Meterkilopond in Foot-pounds

mkp	0 Foot-lbs.	1 Foot-lbs.	2 Foot-lbs.	3 Foot-lbs.	4 Foot-lbs.	5 Foot-lbs.	6 Foot-lbs.	7 Foot-lbs.	8 Foot-lbs.	9 Foot-lbs.
0	. . . . .	7.23	14.47	21.70	28.93	36.17	43.40	50.63	57.87	65,10
10	72.33	79.57	86.80	94.03	101.27	108.50	115.74	122.97	130.20	137.43
20	144.67	151.90	159.13	166.37	173.60	180.84	188.08	195.30	202.54	209.77
30	217.00	224.23	231.46	238.70	245.93	253.17	260.41	267.63	274.87	282.10
40	289.34	296.57	303.79	311.04	318.27	325.50	332.75	339.98	347.21	354.44
50	361.66	368.89	376.12	383.36	390.59	397.82	405.07	412.30	419.53	426.76
60	434.00	441.23	448.45	455.70	462.93	470.17	477.41	484.64	491.87	499.10
70	506.34	513.57	520.80	528.04	535.27	542.50	549.75	556.98	564.21	571.44
80	578.68	585.91	593.14	600.38	607.61	614.85	622.09	629.41	636.55	643.78
90	651.00	658.23	665.46	672.70	679.93	687.17	694.41	701.73	708.87	716.10
100	723.34	730.57	737.80	745.04	752.27	759.51	766.75	774.07	781.21	788.44

Tabelle 15.04. *Anziehdrehmomente für Schrauben, Richtwerte. Forst, Solingen*

| Metrisches Gewinde: Anziehdrehmomente Ma [cmkp], bzw. [mkp] | | | | | | | |
Güte-Klasse Regelgewinde:		4 D	5 D	5 S	6 S	8 G	10 K	12 K
M 3	[cmkp]	5	6,3	9	10,8			
M 3,5	[cmkp]	8	10,4	15	18			
M 4	[cmkp]	10,4	14	20	24			
M 5	[mkp]	0,2	0,3	0,45	0,52	0,6	0,9	1,1
M 6	[mkp]	0,35	0,5	0,7	0,9	1,05	1,5	1,9
M 8	[mkp]	0,85	1,2	1,8	2,2	2,5	3,4	4,3
M 10	[mkp]	1,7	2,5	3,6	4,3	4,7	6,6	8
M 12	[mkp]	2,9	4	5,7	6,7	7,8	11,3	14
M 14	[mkp]	4,5	6,3	8,7	10	12	17,5	21,5
M 16	[mkp]	6,6	9,5	13	15	18	26	32
M 18	[mkp]	9	13	18	21	25	36	44
M 20	[mkp]	13	18	24	28,5	33,5	47	57
M 22	[mkp]	16	23	31	37	43	60	72
M 24	[mkp]	20	29	40	48	56	79	95
Feingewinde:								
M 5 × 0,5	[mkp]	0,25	0,38	0,5	0,6	0,7	1	1,2
M 6 × 0,5	[mkp]	0,45	0,65	0,9	1,1	1,3	1,7	2,1
M 8 × 1	[mkp]	1	1,5	2,2	2,6	3	4,1	5
M 10 × 1	[mkp]	1,9	2,8	4,1	4,9	5,5	7,8	9,5
M 12 × 1,5	[mkp]	3,1	4,7	6,7	8	9,5	13,5	16
M 14 × 1,5	[mkp]	4,8	7,1	10	12	14	20	24
M 16 × 1,5	[mkp]	7	10,5	14,8	17,5	20	29	35
M 18 × 1,5	[mkp]	9,5	14	20	24	27	38	46
M 20 × 1,5	[mkp]	12,8	19	27	32	35	50	60
M 22 × 1,5	[mkp]	16,5	25	35	41	44	62	75
M 24 × 1,5	[mkp]	21	30	42	50	59	83	100

Schrifttum

[1] CHONÉ, G., u. H. FEIGENSPAN: Taschenbuch für den Druckluftbetrieb, 8. Aufl., herausgegeben von FMA-Pokorny, Frankfurter Maschinenbau A.-G., Berlin/Göttingen/Heidelberg: Springer 1959.
[2] Werksprospekt der Premag GmbH, Geisenheim/Rhein.
[3] Deutscher Stahlbau-Verband: Hochfrequenz- und Preßluft-Handmaschinen im Stahlbau, Köln: Deutscher Stahlbau-Verband 1957.
[4] EHRHARDT, K. F., u. J. S. SPIZIG: Leitfaden für den Zusammenbau, München: Hanser 1961.
[5] EHRHARDT, K. F.: Rationeller Zusammenbau mit modernen Schraubwerkzeugen. Druckschrift der Fa. Bayerische Schrauben- und Federnfabriken Richard Bergner, Schwabach bei Nürnberg 1963.

Sachverzeichnis

Bildnachweis

Nachstehend genannten Firmen sei an dieser Stelle für die Überlassung von Bildmaterial gedankt:

ABO — Dr. W. Korthaus, Maschinen- und Transportgeräte-Import, 6 Frankfurt/Main, Schumannstr. 40
Bilder: 2.21; 2.40; 11.01

Bostik GmbH, 637 Oberursel/Taunus
Bild 6.01

De Limon Fluhme & Co., 4 Düsseldorf, Arminstr. 15
Bilder: 8.01; 8.02; 8.03; 8.04

Desoutter GmbH, 6 Frankfurt/Main NO 14, Gwinnerstr. 30a
Bilder: 2.07; 2.10; 2.11; 2.12; 2.13; 2.22; 2.47; 2.48; 2.52; 2.56; 2.57; 2.58; 3.04; 8.09; 13.02; 13.04; 13.05

Deutsche Atlas Copco GmbH, 43 Essen-Kupferdreh, Kupferdreher Str. 86
Bild 8.13

Deutsche Gardner Denver GmbH, 7081 Westhausen, Krs. Aalen/Württ.
Bilder: 2.04; 2.05; 2.08; 2.09; 2.14; 2.15; 2.16; 2.17; 2.18; 2.19; 2.29; 2.30; 2.32; 2.33; 2.34; 2.36; 2.37; 2.38; 2.39; 2.41; 2.43; 2.49; 2.50; 2.51; 2.54; 3.02; 7.01; 8.05; 8.06; 9.03; 12.01; 13.01; 13.03; 13.10; 13.17; 13.18; 13.19

Deutsche Vereinigte Schuhmaschinen GmbH, 6 Frankfurt/Main 9, Friedrich-Ebert-Anlage 13—31
Bild 3.09

FMA Pokorny, Frankfurter Maschinenbau AG vorm. Pokorny & Wittekind, Frankfurt/Main 13, Solmsstr. 2—26
Bilder: 2.24; 2.27; 3.01; 3.06; 3.07; 3.08; 3.11; 7.02[1]

Ingersoll-Rand GmbH, 4 Düsseldorf 1, Karlstr. 6
Bilder: 2.02; 2.06; 2.25; 2.26; 2.44; 2.45; 2.53; 2.55; 3.03; 3.05; 3.10; 8.08

OSU-Vertrieb, Günter Hessler, 463 Bochum-Laer, Höfestr. 10a
Bilder: 5.04; 5.05

PREMAG GmbH, 6222 Geisenheim/Rhein
Bilder: 2.28; 2.42; 3.12; 4.01; 4.02; 4.05; 4.06; 5.01; 8.10; 13.06; 13.07; 13.08; 13.09; 13.11; 13.12; 13.13; 13.14; 13.15; 13.16

Rheinische Nadelfabriken GmbH, 51 Aachen, Reichsweg 19—42
Bild 6.02

Robert Bosch GmbH, 7 Stuttgart, Breitscheidstr. 4
Bild 10.02

Rotor Tool Company, 26300 Lakeland Boulevard, Cleveland, Ohio 44132, U.S.A.
Bilder: 2.46; 4.07

Schmid & Wezel, 7133 Maulbronn/Württ., Bahnhofstr. 18/18a
Bilder: 2.20; 2.23

Thor Power Tool GmbH, 5 Köln-Bickendorf, Mathias-Brüggen-Str. 4
Bilder: 2.01; 2.03; 3.13

Gebr. Titgemeyer, 45 Osnabrück, Seminarstr. 33/34
Bilder: 4.03; 4.04

Carl Walter KG, 56 Wuppertal-Hahnerberg, Hahnerberger Str. 82
Bild 9.05

Richard C. Walther, 56 Wuppertal-Vohwinkel, Kärntner Str. 20—30
Bilder: 5.02; 5.03

---

[1] Die Bilder 2.24, 2,27, 3,06, 3.07 und 3.08 stammen aus dem „Taschenbuch für den Druckluftbetrieb."[1].